U0638297

带翼的金属

——材料科学99

主　　编　中国科普作家协会少儿专业委员会

执行主编　郑延慧

作　　者　刘先曙

插图作者　于万才

广西科学技术出版社

图书在版编目（CIP）数据

带翼的金属：材料科学 99/ 刘先曙著. —南宁：广西科学技术出版社，2012.8（2020.6 重印）

（科学系列 99 丛书）

ISBN 978-7-80619-817-9

Ⅰ．①带… Ⅱ．①刘… Ⅲ．①材料科学—青年读物 ②材料科学—少年读物 Ⅳ．① TB3-49

中国版本图书馆 CIP 数据核字（2012）第 190615 号

科学系列99丛书

带翼的金属
——材料科学99
DAIYI DE JINSHU——CAILIAO KEXUE 99
刘先曙 著

责任编辑	黎志海	封面设计	叁壹明道
责任校对	李文权	责任印制	韦文印

出 版 人　卢培钊

出版发行　广西科学技术出版社
　　　　　（南宁市东葛路 66 号　邮政编码 530023）

印　　刷　永清县晔盛亚胶印有限公司
　　　　　（永清县工业区大良村西部　邮政编码 065600）

开　　本　700mm×950mm　1/16

印　　张　13

字　　数　167千字

版次印次　2020 年 6 月第 1 版第 4 次

书　　号　ISBN 978-7-80619-817-9

定　　价　25.80 元

本书如有倒装缺页等问题，请与出版社联系调换。

致二十一世纪的主人

钱三强

时代的航船已进入 21 世纪，世纪之交，对我们中华民族的前途命运，是个关键的历史时期。现在 10 岁左右的少年儿童，到那时就是驾驭航船的主人，他们肩负着特殊的历史使命。为此，我们现在的成年人都应多为他们着想，为把他们造就成 21 世纪的优秀人才多尽一份心，多出一份力。人才成长，除了主观因素外，在客观上也需要各种物质的和精神的条件，其中，能否源源不断地为他们提供优质图书，对于少年儿童，在某种意义上说，是一个关键性条件。经验告诉人们，往往一本好书可以造就一个人，而一本坏书则可以毁掉一个人。我几乎天天盼着出版界利用社会主义的出版阵地，为我们 21 世纪的主人多出好书。广西科学技术出版社在这方面作出了令人欣喜的贡献。他们特邀我国科普创作界的一批著名科普作家，编辑出版了大型系列化自然科学普及读物——《少年科学文库》。《文库》分"科学知识""科技发展史"和"科学文艺"三大类，约计 100 种。《文库》除反映基础学科的知识外，还深入浅出地全面介绍当今世界最新的科学技术成就，充分体现了 90 年代科技发展的前沿水平。现在科普读物已有不少，而《文库》这批读物特具魅力，主要表现在观点新、题材新、角度新和手法新、内容丰富、覆盖面广、插图精美、形式活泼、语言流畅、通俗易懂、富于科学性、可读性、趣味性。因此，说《文库》是开启科技知识宝库的钥匙，缔造 21 世纪人才的摇篮，并不夸张。《文库》将成为中国少年朋友增长知

识、发展智慧、促进成才的亲密朋友。

亲爱的少年朋友们，当你们走上工作岗位的时候，呈现在你们面前的将是一个繁花似锦的、具有高度文明的时代，也是科学技术高度发达的崭新时代。现代科学技术发展速度之快、规模之大、对人类社会的生产和生活产生影响之深，都是过去无法比拟的。我们的少年朋友，要想胜任驾驭时代航船，就必须从现在起努力学习科学，增长知识，扩大眼界，认识社会和自然发展的客观规律，为建设有中国特色的社会主义而艰苦奋斗。

我真诚地相信，在这方面，《少年科学文库》将会对你们提供十分有益的帮助，同时我衷心地希望，你们一定为当好 21 世纪的主人，知难而进、锲而不舍，从书本、从实践吸取现代科学知识的营养，使自己的视野更开阔、思想更活跃、思路更敏捷、更加聪明能干，将来成长为杰出的人才和科学巨匠，为中华民族的科学技术实现划时代的崛起，为中国迈入世界科技先进强国之林而奋斗。

亲爱的少年朋友，祝愿你们奔向 21 世纪的航程充满闪光的成功之标。

人类社会生存和发展的基础

现在，世界上有人把材料说成是"发明之母"，也有人把材料比做现代化的骨肉，更多的人则认为材料、能源和信息技术是新技术革命的三大支柱。

总之，材料是人类社会生存和发展的物质基础，没有材料，我们也许一天也活不下去。

我国古代有许多神话传说，其中最有名的神话，大概要算人类的始祖女娲氏，用黄土造人，并炼五色石补天，斩断鳌足支撑四极，治平洪水，杀死猛兽，使人民安居乐业的故事了。

这个神话最早谈到了材料问题。其中提到的黄土、五色石都是一直沿用到现在的建筑材料，也称无机材料。鳌是传说中的大龟，鳌足当然就是天然的有机材料了。

以后，人类社会经历了石器时代、青铜时代、铁器时代以及近代的工业社会和现代的信息社会时代，这些时代可以说大多是以材料作为标志划分的。这是历史学家对材料的公正评价。

石器时代代表着原始社会的生产水平，那时的祖先只会利用原始的石块、木头、兽皮、骨骼做工具，维持自己的生存，因此石器时代延续了漫长的几十万年。

后来出现了青铜这种金属材料。它的出现，标志着原始的人类社会进入了生产力比较发达的奴隶社会，人类利用青铜这种材料创造了许多奇迹，所以奴隶社会只经历了 3000～5000 年。

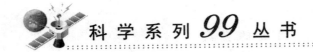

后来又出现了铁这种金属材料。铁的出现，标志着封建社会的到来，它是比奴隶社会更进步的社会，生产力水平大大提高，因此封建社会经历的时间更短，才两三千年。这些事实说明，一种新材料的出现，常常能极大地加速社会的发展。

在这本书里，我们不可能把所有的材料都介绍给亲爱的少年读者，因为现在的材料太多了，谁也数不清现在到底有多少种材料。你知道生产一台彩色电视机要用多少种材料吗？要上千种哩！说起来也许有人不信，光制造一个彩色显像管就要用300多种材料。想一想，造一架航天飞机、发射一颗人造卫星该用多少种材料呵！

有关材料的故事当然也就多得很，何止99个！我们这本书里只选了99个材料的故事，目的只是让少年读者知道，材料的发展是推进社会发展的动力之一，每种新材料的出现都会为人类作出贡献。

因为材料太多，不能一一介绍，但我们可以把材料分成几大类，这样就能照顾到材料的各个方面了。现在材料科学家把成千上万的材料分成以下几大类，即：金属材料、无机非金属材料、有机高分子材料、复合材料、半导体材料、光电子材料、磁性材料、超导材料、生物医用材料、核材料等，但这种分类法也不是绝对的。也有人提出另外的材料分类法，如结构材料、功能材料、能源材料、信息材料等。

为了大致能涉及材料的各种类别，本书选择了一些故事性较强、趣味性较浓的新材料进行介绍，其中包括金属材料、无机非金属材料、有机高分子材料、信息记录材料、智能材料、生物医用材料和功能材料等。在目录的编排上我们用空一行的方法将它们一一区分出来了。

由于作者水平有限，书中无论选材还是内容的叙述和文字的表达难免有谬误和不当之处，欢迎少年朋友们批评指正。

作 者

目　　录

1 愚蠢的牧师和聪明的出纳员

纯金是一种很柔韧的金属，它具有稳定的"性格"，即使把它加热到熔化也不会改变颜色，永远是金光闪闪，所以自古以来有句名言叫"真金不怕火炼"。因此，谁都希望得到黄金，只不过有人是利用权势来获取黄金，有人则是利用智慧而已。下面的两个故事使我们看到了其中的智慧。

19 世纪末，在美国的费城发生过一件非常稀奇的事情。有一家年代很久的造币厂，常年铸造金币。在这家造币厂的对面则有一座很古老的教堂，因年代太久，教堂有些破旧。为了吸引更多的教徒，牧师们决定对教堂进行彻底翻修。当地的一位居民听到这个消息后，立刻找到教堂的主管牧师，要求教堂把破旧的屋顶卖给他，他愿意出 3000 美元买下来。

牧师们很纳闷，以为这位居民有些神经不正常，因为教堂的屋顶破旧不堪，已经没有什么可以利用的价值了，但是，3000 美元可不是一个小数目，况且又是自己送上门来的，用一座破旧屋顶换 3000 美元的巨款，何乐而不为，而且翻修教堂正需要一大笔资金呢！于是牧师们一致同意把破屋顶出售。

这位居民把破烂屋顶买回来后，先把屋顶上的油漆一点不剩地仔细刮下来，然后把这些刮下来的油漆碎末放在一个大坩埚中焚烧，待油漆碎末烧尽后，在剩下的灰烬中竟有 8 千克重的黄金。这些黄金的价值当然远远超过 3000 美元。

这些油漆碎末中的金子是哪里来的呢？原来，这是多年以来，从教堂对面的造币厂冶炼炉的烟囱中飞扬出来的黄金粉末积落下来的，黄金粉末大部分落到了教堂的屋顶上。等教堂的牧师们知道自己上当之后，已经晚了。

这位居民愿意用 3000 美元的代价购买教堂破旧的屋顶

在欧洲一家大银行，则发生过一个更具戏剧性的故事。在第一次世界大战前夕，当时大多数国家使用金币。成千上万的金币天天流入银行，由出纳员将金币清点、分类并用纸封装好，而清点分类工作通常都是在一张专门的木制工作台进行的，事情就发生在这张桌子上。每天，一位出纳员在开始清点金币之前，总是先在自己的桌子上铺上一块台布。他的这一举动，受到了银行经理的赞扬，认为这位出纳员很爱整洁，并且是勤勤恳恳工作的榜样。

出纳员更是持之以恒。每天早晨，他就从办公室里取出台布铺在工作台上，下班时叠起来放在一起。然后每逢星期六他把台布带回家，星期一上班时再换上一块新台布。

日积月累，这位勤恳工作的出纳员从台布中得到了他"合法"得到的金粒。

原来，在清点金币过程中，金币相互碰撞摩擦，经常落下一些人的眼睛看不出来的金粉末在台布上，这位出纳员每星期用炒锅焚烧一块台布，粘在台布丝中的金粉熔化后又聚成细小的金粒，它的价值当然远高于一块台布的价值。这件事他一直干到他的女仆泄露天机为止。

自古以来，人们已经习惯于将金作为财富，因为金在史前期就已经被发现和应用。其实金还是一种很有用的金属，它的延展性极好，1克金即可拉成约 2.4 千米长的细丝，可以锤成极薄的金箔，且在大气中不受腐蚀，所以古代人用它做首饰和用来装饰佛像、庙宇，也用来做金币。

在现代科技中，金被用于电镀工业和电子工业，还用来制造化学器皿，它至今仍是一种贵重金属。

2 贪得无厌的国王和贵夫人

因黄金引起的故事纵贯古今，许多人因得到它而欢乐，也有许多人为得到它而声名狼藉。

希腊神话中有一个关于迈得斯国王的故事。一天，主神宙斯的儿子——酒神狄俄尼索斯在美丽的费利治亚土地上巡游，不一会，他的卫士和家庭教师西勒诺斯渐渐因酒醉而落到人们的后面走失了。这位醉翁后来被农民发现并交给了国王迈得斯，迈得斯隆重接待了他，并为他举行了9天酒宴，第10天，迈得斯亲自把西勒诺斯送回到酒神狄俄尼索斯那里。酒神见到自己的卫士回来了，极为高兴，他答应送给迈得斯一件贵重礼物，由迈得斯任意挑选。

贪婪的迈得斯说："伟大的狄俄尼索斯，请您使我能把摸过的一切东西都变成光辉耀眼的黄金吧。"酒神狄俄尼索斯满足了他的愿望。迈得斯在回到自己王宫的路上，被他摸过的树枝、田野里的麦穗、树上的水果，统统都变成了黄金；他想洗手，水一流过手掌，立刻就变成黄金，他欣喜若狂。但是，当美味的佳肴摆在他面前时，他才开始感到恐惧，他意识到自己要死于干渴和饥饿，因为一切食品放到他的手中，都会立即变成金子。于是他乞求酒神："狄俄尼索斯，尊敬的神，请收回您的礼物吧。"后来酒神命令他到帕克托卢河的发源地，用那里的水洗净他的手，才冲走了这个可怕的礼物。这当然是一个神话故事，意在鞭挞那些贪得无厌的人。

但是，20世纪70年代在日本发生的一件真事说明，有人为了得到黄金，连脸面都可以不要。

原来，日本的富士观光旅行社为了招揽游客，别出心裁地在富纳巴拉疗养胜地的一家时髦旅馆里安装了一个纯金的澡盆。虽然旅馆住宿费高得惊人，但有钱的游客们对能在金澡盆中洗一次澡引以为荣，再贵也不在乎。旅行社光从这个金澡盆中就获取了巨额利润。

不过，随之而来也出现了麻烦事，因为在洗澡的游客中，有些人竟用浴巾包上凿子一类的工具带进有金澡盆的单间，想从金澡盆上凿下哪怕一小块黄金"留作纪念"。结果，旅行社不得不在百忙之中又雇用一批保安人员盯住游客，并贴出告示：今后禁止将任何物品带进浴室。

即使这样，有一位绅士也想出了一个办法，他不顾死活，用脚跟使劲猛踢澡盆，想从澡盆上踢下一点黄金来，但结果是他的脚跟到底不如澡盆硬，除了自己的脚腕受伤外一无所获。

更加令人惊叹的是一位"年高德昭"的贵妇人，她对自己的牙齿很有信心，没有工具，她决定用牙从金澡盆上咬下一块金子来"留作纪念"。遗憾的是，她也没有成功，几天之后，人们发现她正在试装一副

尊敬的神啊，请收回您的礼物吧！

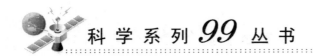
假牙。原来，她在咬金澡盆时，用力过猛，金子没咬下，牙齿却掉了一颗。

而富士观光旅行社在金澡盆获得巨大成功后，"百尺竿头，更进一步"，计划在旅馆中安装金马桶，以吸引更多的观光客。

3 黄金的"悲惨遭遇"

黄金尽管很高贵，但它却没有自由。不是被锁在保险柜里，就是被埋在层层的地狱之中。

在美国，有一个叫克诺克斯的城堡，周围有几层 5000 伏的高压电网团团围住，谁想进入这个城堡，必须通过设在道路上的层层哨卡。一路上有十来个装有先进的无线电电子控制装置的监视塔，注视着所有进进出出的人，监视塔内还装有自动对准目标的机关枪和速射炮。在克诺克斯城堡里面，还有许多机关，其中有些机关可以在顷刻间沉入水中。另外，还有毒气喷射装置，只要发生意外情况，毒气在几分钟内就可以充满外人进入的房间，谁也别想活着出去。在克诺克斯城堡中心的草地上，有一座钢筋混凝土密封的大楼，大楼内，光楼门就有 20 吨重，门锁也很特别，上面装有电子眼，一眼不眨地盯着门口，谁想进入门内，可以说比登天还难，这里面到底关着什么重要的"囚犯"呢？其实，这里没有关任何犯人，而是关着黄金，原来，这里是美国的黄金储备库。在美国，抢劫银行的事屡见不鲜。为了使美国的黄金国库万无一失，免遭不测，美国在这里设计了一座"连苍蝇也飞不进去"的黄金库。据说，这个黄金库现在至少储存有 8000 吨黄金。1975 年，由于美国政府的资金紧张，经美国总统亲自签署了一道命令才从这个比阎王把守得还严的金库中运出去 560 吨黄金,在华盛顿举行了世界上最大的一次黄金大拍卖。

1943 年,在丹麦的哥本哈根还发生过一起黄金在劫难逃的事件,使黄金备受"折磨"。

当时,丹麦人民已沦为德国法西斯的亡国奴,曾荣获过诺贝尔奖的丹麦科学家尼尔斯·波尔,想要逃离当时被纳粹德国占领的哥本哈根,并把自己获得的诺贝尔金质奖章带走,但德国人把守很严,想随身携带这种奖章出境,根本不可能。为了不使奖章落到法西斯手中,波尔想了一个万不得已的办法。他知道,黄金虽然有惊人的耐腐蚀性,既不溶解于酸,也不和碱起作用,但能溶解于王水中(一种硝酸和盐酸的混合液)。于是,波尔忍痛把奖章放在王水中,然后把盛王水的蒸馏罐藏在自己的实验室里,只身逃离了丹麦。

1945 年,第二次世界大战结束,德国战败投降,波尔重返祖国丹麦的哥本哈根,从实验室中找到了那个溶解过诺贝尔金质奖章的王水蒸馏罐,还好,这个蒸馏罐仍完整无损,罐中的王水溶液依然"健在"。于是,波尔又用化学方法从王水溶液中把黄金分离出来,按原来的诺贝尔奖章进行了复制。

4　阿基米德揭露黄金骗子

阿基米德是古希腊著名的数学家、发明家,阿基米德定理、杠杆定理都是他首先发现的。"只要给我一个支点,我能移动地球。"传说就是他在发现杠杆定理之后说的一句名言。有关阿基米德的传说还很多,我们这里只讲阿基米德如何利用他的聪明才智揭露黄金骗子的故事。

在公元前 3 世纪，黄金是最贵重的金属，因此，不少骗子都制作掺假的黄金来获取不义之财。在古代，黄金作为权势和高贵的象征，也是历代统治者梦寐以求的东西。古希腊国王也不例外。据史料记载，古希腊国王希艾罗登基后，命令宫廷的珠宝匠制作一顶黄金皇冠。

金皇冠很快就制好了，呈献给了国王，然而国王并不相信它是纯金制造的。为了辨别工匠们制造的这顶皇冠是不是纯金的，希艾罗国王请阿基米德来解决这一问题。这个问题，在现代是再简单不过了，也许连小学生也能解决。但是在公元前 200 多年的古代，却使阿基米德大伤脑筋。因为从皇冠的颜色看，它和纯金的并没有两样；从重量看，这顶皇冠也没有缺斤少两，当时又没有现代的光谱分析仪，要既不损坏皇冠又要辨别它是不是纯金的，可真把阿基米德弄得寝食不安，成天冥思苦想。

一天，阿基米德到公共浴室去洗澡，就是在洗澡的时候，他也没有忘记怎样鉴定皇冠的真假这个问题。当他坐在澡盆里的时候，水从盆边溢了出来。阿基米德一面望着澡盆里不断流出的水，一面说："真可惜，流走了和我身体一样多的水。"

阿基米德沉思片刻，高兴得一下跳了起来，嘴里高兴地喊道："尤里卡，尤里卡！"那意思就是"我找到办法了，我搞清楚了！"

阿基米德回到家里，把皇冠放进盛满水的盆内，于是水就从盆边溢了出来，流到放在盆底下的大盘子内，这样就可将流出盆中的水收集起来，量出它的体积。而这体积也就是皇冠的体积。

然后，阿基米德又将一块和皇冠同样重的纯金块也放在一个盛满水的盆内，水也从盆边溢了出来，流到放在盆下面的大盘子内，用同样的方法量出它的体积。而这体积则是同皇冠等重的纯金块的体积。

两个体积一比较，阿基米德看到，从放进皇冠的那只盆内流出来的水的体积比放纯金块的盆内流出来的水要多。于是阿基米德断定，这只皇冠肯定不是纯金做的，而是掺有银子的皇冠，工匠们用银子偷换了一部分金子，放进了自己的腰包。

　　阿基米德给希艾罗国王演示了同样的实验，并向国王解释说：如果皇冠是用纯金打制的，那么，从放进皇冠的装满水的盆子里溢出的水，应该和放进等重量的纯金块的盆子里溢出的水一样多。现在从装皇冠的盆子里溢出的水比从装纯金块的盆子里溢出的水多，说明它俩不是同一种材料。皇冠里掺了一部分银子，银子的比重比黄金轻，同样的重量体积要大一些，所以溢出的水比纯金块溢出的水要多一些。

　　金匠玩的鬼把戏就这样被阿基米德揭穿了。阿基米德的这个故事流传了2000多年，不仅是因为人们对阿基米德智慧的敬佩，还由于阿基米德发现的这个方法是测量物体比重的基本方法。现在，欧洲共同体有一个发展科技的规划叫"尤里卡"计划。这正是阿基米德找到了测定金

阿基米德惊喜地发现，他找到了鉴别皇冠是不是纯金的方法

子纯度的方法时在惊喜中喊出来的话，这不正说明现代科学家仍然在怀念着这位聪明绝顶的科学家吗？

5　名符其实的亚军

银这个最早被发现的金属，和金一样，没有任何文字记载它是由谁最早在什么时候和什么地方发现的，不过它确实是一种古老的金属材料，早在史前期就已有发现。

在金属中，银在历史上的荣誉仅次于金，也是权力和地位的象征，也是财富多少的标志。在古代，人们常按金银铜铁锡的顺序给它们排座次。金老居榜首，银总是位于第二。因此，在现代的奖牌中，也总是金牌第一，银牌第二。

由于银是权力和地位的象征，也就引出许多有趣的逸事。比如在古书中，常见到带"银"字的词，像银印、银缕玉衣、银鱼符、银珂……这些词是什么意思？"银印"是古代代表官阶的印玺。在秦汉年代，只有副丞相和财产在 2000 石以上的官吏才有资格得到银印。只有诸侯、列侯、贵人死后，才能穿所谓"银缕玉衣"下葬。银鱼符也是代表官员品级身份的。在唐代，银鱼符只有五品以上官员才能佩带，五品以下的官就没有资格。

由于银这种金属在古代是地位和财富的标志，因此有钱有势的官员为显示其地位，常作出现代人看来是相当愚蠢的奢侈之举。比如用银做马鞍和马勒上的装饰物。银做的马鞍叫"银鞍"，宋朝诗人陆游的《梅花绝》诗中有"醉帽插花归，银鞍万人看"的句子。马勒上的银饰物叫"银珂"。唐朝于鹄的《长安游》诗中有"绣帘米縠逢花住，锦檐银珂触

银饰品把苗族妇女扮得花枝招展

雨游"的句子，形象地说明权贵们是怎样通过银这种金属材料来显耀自己的。

不仅中国如此，国外也一样。据历史记载，古罗马皇帝尼禄就用银制造了好几千副马掌，以显示他的富有，宝贵的银被践踏在马蹄之下。

在历史上，银还从事过许多"职业"，尤其是在珠宝工艺品中更为广泛。我国出土的大量古代银器，如银簪、环、镯、耳坠等装饰工艺品，银壶、碗、杯、铛等酒器及医药用具，盒、盂、熏炉等日用器皿，不胜枚举，说明银在古代应用范围相当广泛。但自古以来，银器具只有上层社会的人才享用得起。它常常被当做一张表明出身高贵和家财万贯的"名片"。例如，在俄国有一个叫奥洛夫的伯爵，为显示他的富有，用了约 2000 千克纯银打制了一套举世无双的银餐具，共有 3275 件之多。

在俄国有一个叫诺夫哥罗德的地方，那里的银匠有着高超的技艺，他们制作的银器驰名国内外。据一些史料记载，16 世纪时，诺夫哥罗德就有大约上百位技术熟练的银匠。

最值得一提的是我国少数民族对银制品的一往情深。我国南方各省的苗族工匠更是身手不凡，他们技艺精湛，巧夺天工，用各种银装饰品把苗族妇女打扮得花枝招展。我国藏族同胞的银匠更是大手笔，拉萨的哲蚌寺有一座银质灵塔，造型精美，雄伟壮观，堪称传世珍品。

6 最大的假币制造者

银的另一个古老的职业是用做货币。这个职业也可能是它的"毕生的事业"，除非有一天，全世界都取消"银行"。"银行"一词的来源，顾名思义和银子充当货币有关。据考古发现和文字记载，罗马人从公元前269年就开始铸造银币，比铸造金币还要早50年。

世界上的事情，大概总是有真就有假。货币也一样，在一种真货币出现后，紧接着就会有人制造假货币。而最大的假货币制造者，往往是那些王族成员和土皇帝之流。在法国的历史资料中，就记载着13世纪末、14世纪初法国统治者菲力普四世为了聚敛财富、中饱私囊，采用减少银币中银的含量、掺入铜和锡的办法，把克扣下的贵重金属银据为己有。

在俄国沙皇时期，贵族们也用假银币大发横财。1654年前后，俄国因和波兰的频繁战争而耗尽了国库，战争的经费又在不断增加。于是一个叫费德·雷蒂什切夫的贵族给沙皇亚历克赛·米哈诺维奇想出了一个敛财的诡计。

那时，俄国流通的是银币，但俄国缺银，银币都是用从捷克进口的钱币改铸而成的，改铸时，把原来钱币上的拉丁文改成俄文。雷蒂什切夫的诡计是在原来成本只值50戈比的银币上铸上1卢布的标记，同时用便宜的铜制造50戈比、25戈比、10戈比、3戈比和1戈比的钱币，但价值却和银一样。王室的贵族算了一笔账，用这种办法可以牟取400万卢布的暴利，比一年税收的总数还要高10倍。沙皇满意地接受了雷蒂什切夫的"妙计"，下令"以最快的速度日以继夜、全力以赴地尽快创造出更多的财富"——加紧改铸银币。

但是，货币这东西有它自己的规律，由于假银币大量涌进市场，大量的银子源源流入了沙皇的国库，因而老百姓手中的银币大大贬值。因为精明的商人只承认真银币，不收沙皇改铸的银币和铜币，让老百姓吃尽了苦头。民怨鼎沸，1662年，在莫斯科终于爆发了俄国历史上著名的"铜骚乱"事件，抗议沙皇用假的铜币冒充银币。这次起义虽然被沙皇残酷地镇压下去了，但老百姓却抱成一团，他们不再接受铜币，只接受真的银币。

现代，用银做货币的国家已经不多，大多数国家改用纸币。真纸币

一出现，不久就出现了假纸币，而且出现了用假纸币收购银元一类的骗局。白银！真是一个怪物，它把许多人搅得神魂颠倒。

其实，白银是非常有用的工业材料，它具有很好的导电性、导热性和延展性，是最重要的电工材料之一。1克重的银可以拉成2000米长的细丝。一层薄银涂在抛光的玻璃上可以做成反光能力很强的镜子。银可以制成溴化银感光照相底片，把人的影像永远留在世间。银的作用再也不是用来铸造货币，现代科技的发展才使银体现了它真正的价值。

用假币代替银币牟取财富

7　最公正的考官——铜人

考场作弊，自古有之。有时因监考官自身不正，以致把庸人提上来，把有真才实学的人打下去的事也时有发生。

我国北宋有一位有名的医学家，叫王惟一，他是用针灸疗法治病的行家，因医术高明，成为宋仁宗和宋英宗时代的御用医官，专为皇帝和宫廷贵族们治病。公元 1025 年，王惟一被官府任命为针灸学家，并主持针灸教学工作。

王惟一为了培养有真才实学的针灸人才，他经过一年多的苦心思索，用青铜铸造了一个绝妙的教学模型，叫针灸铜人。王惟一对学生考场作弊和对有些考官评价考生不公平的做法深恶痛绝，这个针灸铜人可作为他杜绝这种社会丑恶现象的一个有力的法宝。

王惟一铸造的针灸铜人和真的人体一般大小，在铜人的全身表面刻有几百个穴名和穴位以及经络，铜人是空心的，胸腹腔内面还有可以拆下和移动的五脏六腑，教针灸的老师用这个铜人做教学用具，给学生讲解人体的经络、穴位的分布和位置、穴位的名称时，一目了然。

这位铜人的另一个重要用处就是用来考核学生的针灸技术是否学到家，针灸的穴位是否扎得准。考试时，任何学生和考官在铜人身上都别想弄虚作假。

原来，铜人的所有穴位都钻成小孔，孔的大小只比针灸用的银针稍大一点儿，考试时，铜人的表面用一层蜡全部遮盖，让学生看不到刻在铜人表面的穴名和穴位。然后，在空心的铜人内灌满清水。考试时，由老师随便提出一个穴位，令学生定穴并进行针刺，如果学生取穴正确，

针就会扎入蜡层下的穴位孔中，水就从穴位中流出来，说明学生取穴定位的技术熟练正确。否则，针扎不到穴孔，水也就不会流出来，说明学生针灸技术不到家。

由于这个针灸铜人的设计巧妙，教学和考试效果非常理想，深受当时医学家的欢迎。公元 1026 年，王惟一编写出著名的医学专著《铜人腧（shù）穴针灸图经》一书，该书不仅在国内广为流传，还流传到日本、朝鲜等国，对祖国针灸学的发展产生了很大影响。

针灸铜人的出现，说明我国古代对青铜的性能非常了解，并且有高超的青铜铸造技术。青铜具有很好的铸造流动性，因而能铸造出空心薄壁的教学用铜人，针灸铜人的设计、铸坯的制作和浇铸的工艺表明，我国当时对铜这种金属材料的加工已达到相当精湛的水平。

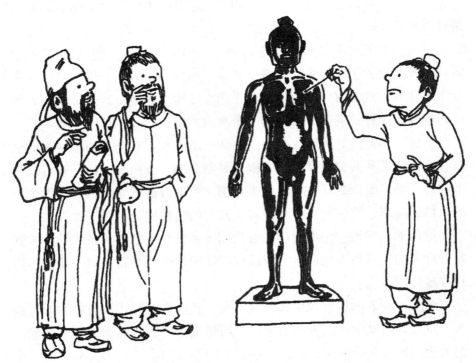

用铜人测试学生的针灸技术

可惜的是，王惟一最早铸造的铜人实物早已流失。1992 年 4 月 28 日在中国科学技术博物馆举办的中国中医中药科技展览会上，中国中医科学院医史展览室的研究人员，根据宋代的医学史资料，用玻璃钢材料复制了一个针灸"铜"人，从而使这一精巧的针灸教学模型，得以供现代人参观学习。用今天的眼光看，当年王惟一采用铜作为制造教学模具的材料，不是没有道理的。因为铜也是史前时期被人类发现的材料，而且是最早被应用的一种金属材料。青铜是人类最早用来制作代替石器的工具的合金，人类历史上曾经历了一个青铜时代。现代科技中铜可与其他金属形成很多有用的合金，如黄铜、白铜、青铜等。铜的导电性能特好，电线中的导线都是铜丝；铜在军工生产中也是重要的原材料。

8　并非无中生有

大约在 20 世纪初，在美国的犹他州发生了一件怪事，这件事一直让一些地质矿物学家迷惑不解。原来，犹他州这个地方矿产丰富，其中铜矿也不少。但任何一座矿井都有开采完的一天，不可能永远挖下去。终于有一天，一座铜矿开采完了，在铜矿井中似乎再也挖不出有冶炼价值的铜矿石了。于是，铜矿的老板决定关闭这座铜矿井。和所有废弃的铜矿井一样，在井下到处堆满了废矿渣、碎石块。因为这些废矿渣中含铜量很少，要雇人运出矿井冶炼，肯定得不偿失，精于算计的老板就把它们当垃圾一样堆在矿井下。

铜矿井废弃后，当然也就无人再管理，慢慢地，地面上的雨水流进了这座铜矿井，矿井内的废矿渣最后就淹没在污水中。

两年之后，有人想利用这座废铜矿井在地下做科学试验（在科学研究中，有些试验要在地下进行，就像做地下核试验一样），于是决定把矿井中的污水抽干。水抽干后，奇迹出现了，原来在堆放废矿渣的井下竟出现了大量的铜，经过称量，居然有 1.2 万吨之多。这么多铜是怎么出来的呢？难道能无中生有吗？

无独有偶，不久，在墨西哥的一座开采完的废铜矿井中，也出现了类似的情况。当有人把被污水淹没的废铜矿井中的水抽干时，也发现了近 1 万吨铜。

这些奇怪的事情引起了地质矿物学家的极大兴趣，他们决心揭开这个奥秘。因为他们知道，物质不可能无中生有，当然不可能"无中生铜"。经过无数科学家的努力，原因终于找到了。

1947 年，美国科学家柯尔曼发现，这种看似无中生有的铜是由污水中的细菌"生产"出来的。有些在矿井污水中繁殖的细菌特别喜欢铜，叫嗜金属细菌，就像蛆喜欢在粪便中繁殖一样。这些细菌能把废矿渣中的铜分解出来。天长日久，被分解出来的铜就在水中沉积起来。

为了证实柯尔曼的发现，有人用黄铜矿石进行试验。先把黄铜矿浸在不含细菌的水里，过 34 天后取出来检查，发现只有 5％的铜分解在水中。然后用含有细菌的水浸泡这种黄铜矿，结果只用了 4 天，就把矿石中 80％的铜分解了出来。

从这些研究中，科学家得出结论：利用细菌可以进行采矿和提炼金属，即把含有某种细菌的水灌进废矿井中时，可以高效率地使残留在废矿渣中的金属分解出来，而这种含细菌的水很容易得到，比如矿井中的污水就完全可以。

我国安徽省铜陵地区官山铜矿和湖南水口山矿务局柏坊铜矿，自 70 年代以来就开始利用这种称为"细菌冶金"的技术，成功地从开采完的废矿井中回收了大量的铜和其他的金属。他们的方法就是利用生存在矿坑水里的细菌，制成浸矿的细菌液，然后把这种细菌液灌进已经采完的矿坑下面，把残存的铜和其他的金属分解出来，取得了很高的经济效益。

9 纳粹密令采购的合金

第二次世界大战期间，驻美国的瑞士钟表制造公司向美国申请购买一批铍青铜，这本来也没什么可奇怪的，因为瑞士是世界上著名的生产机械式钟表的国家，而与钟表里的摆相连的游丝（弹簧）大多是采用铍和铜的合金制造的，这种合金材料就称为铍青铜。说来也奇怪，铍这种金属是 1798 年法国分析化学家沃克兰在分析绿玉石时发现的；1828 年才由德国化学家维勒和法国化学家彪西第一次分离出纯铍。铍是一种坚硬如铁但又很脆的金属，但铜中只要加入 2.5％以下的铍，就能使铜合金的性能大大改善。比如，强度和硬度会显著增加，抗疲劳性能明显改进。一般的铜丝，来回反复弯曲，用不了多少次就会折断（这叫抗疲劳性能差）；而用铍青铜丝，任你来回弯曲多次也不易折断。用铍青铜做的弹簧来回 2000 万次的反复弯曲仍然完好无损，因此瑞士的钟表商愿意采用铍青铜丝作为制造机械手表中零件的材料。然而，这次向美国申请购买铍青铜的订购单送到有关部门审核时，一计算，所购铍青铜的数量，足够全世界钟表制造业用 500 年。瑞士要买这么多的铍青铜在制造钟表零件上用得了吗？真实的目的是什么？这引起了美国政府的注意。一追查，才发现这个订购单是德国法西斯头子希特勒密令驻瑞士的德国大使馆，让瑞士的商人向美国订购的。

原来，铍青铜除了在钟表制造业中使用外，在军用飞机上也广泛使用。

第二次世界大战期间，希特勒穷兵黩武，到处侵略，拼命生产作战飞机和各种新式武器，这些飞机和武器就需要大量的铍青铜，用来制作弹簧和需要经受反复应力作用的零件。由于飞机和其他武器在作战中经常损耗，德国法西斯需要的铍青铜极为短缺，希特勒命令军需部门到世界各地收购铍青铜，以解燃眉之急。但是，铍青铜是一种战略物资，以美国为首的同盟国早就对德国实行封锁禁运，因此当时德国工业上生产的铍等原材料的主要货源完全断了来路，而全世界提炼的这种战略金属几乎完全掌握在美国手中。德国人为了获得铍青铜，终于想出了一个自认为高明的妙计。当时，瑞士是第二次世界大战中的中立国，谁都和它有外交关系；瑞士又是一个钟表制造大国，它经常从美国进口铍青铜。于是，希特勒密令驻瑞士的德国大使馆，想通过中立国的有利条件走私铍青铜，瑞士的商人因为能从走私中捞到好处，又何乐而不为?! 于是德国法西斯的一道密令送到了驻美国的瑞士钟表制造公司，要这家公司购买一批铍青铜供"制造钟表"之用。瑞士向美国申请购买大量铍青铜的订货单就是这样来的。纳粹德国企图套购铍青铜的阴谋终于被揭穿。

铍青铜这种合金材料对飞机来说的确很重要。据统计，一架现代化的飞机上，有 1000 多个零件需要用铍青铜制造。

铍合金材料不仅用在飞机上，在其他工业产品中，铍合金也有它独特的优点。比如，铍青铜和石头或金属碰撞时不会迸发出火花，而钢则会迸出火花来，因此铍也成了制作可用于矿山、粉末工厂、油泵车间等易爆炸性环境工具的必备材料。又比如，镁合金也是飞机上常用的轻质材料，但镁在熔化后容易着火，而如果在镁中加入 0.01% 的铍，就可以防止这种着火现象。铍合金是一种具有安全保护作用的金属材料。

铍青铜和铍在军事和工业上有这么大的作用，难怪希特勒要不择手段不惜代价地设法把它弄到手了。

现在，铍青铜和铍仍是火箭、宇宙飞船、人造卫星等尖端高技术产品中的重要材料。

不仅如此，铍本身还是一种高效率的燃料，每千克铍燃烧时释放的热量达 1.5 万千卡，而最有威力的炸药之一硝化甘油爆炸时释放的热量也只有每千克 1480 千卡！因此铍还可能成为未来宇宙飞船飞向月球和其他天体的燃料。

10 法国巴黎的象征

世界上有不少著名的塔，都以各自的特色闻名于世。例如意大利中部比萨城内教堂广场上的比萨斜塔，全部用大理石砌成，共8层，高不过54.5米。它之所以闻名于世，除了建筑材料是用贵重的大理石外，主要是因为塔身倾斜，而这种倾斜完全是因为建筑师设计时疏忽了沉重的大理石会使地下土层不均匀下沉而造成的。但这座始建于公元1174年，直到1350年才建成的斜塔之所以如此闻名，还在于传说著名的物理学家伽利略曾于1590年在这座塔上做过著名的自由落体实验。但不管怎样，比萨斜塔应"感谢"沉重的大理石和粗心的设计师，要不自己怎么能闻名天下？

而法国的艾菲尔铁塔之所以闻名于世，则是由于它所采用的材料和精心巧妙的设计。

1884年，法国政府为了庆祝1789年资产阶级革命胜利100周年，决定于1889年开办一个轰动世界的博览会，并计划在巴黎修建一座永久性的纪念塔。用什么材料建？当时有各种意见，为了使纪念塔建得高大而宏伟，当时杰出的法国工程师古斯塔夫·艾菲尔提出用钢铁建造一座300米高的铁塔的方案。因为过去还没有这样的铁建筑物，不少人对这一方案持怀疑态度，经过激烈的竞争，艾菲尔终于获胜。但当时的一些同行认为：这样高的塔，重量将达到7000吨，有可能底层的铁架结构承受不了如此大的重压而不能持久。艾菲尔则坚持认为，他的这件"纪念品"保持25年绝对不会成问题。现在看来，他当时对自己的估计也比较保守。因为现在这座铁塔已过了100多年，依然完好无损地耸立

艾菲尔铁塔是法国巴黎的象征

在巴黎，吸引着成千上万的游客。说起来这还是要归功于艾菲尔极端大胆而细心的设计。

原来，为了能使铁塔创造建筑史上的奇迹，他研究了法国及欧洲中世纪以来兴建的高大教堂和城堡史，分析了埃及金字塔和中国的寺院宝塔的特点，结合自己多年兴建桥梁、车站和教堂的经验，进行了精确的设计和计算，最后才定下施工方案。为了使塔身"稳如泰山"，不发生像比萨斜塔那样的意外，他把塔基的面积扩大到 125 平方米。四座塔墩用水泥浇灌，牢牢扎根在地基上；塔身用 1.3 万个钢铁构件和 250 万个铆钉连成一体；塔身分为 4 层，第一层高 57 米，第 2 层高 58 米，第三层高 159 米，最后一层距地面 300 米，在最后一层上还建了一个小楼台，所以塔的总高达 328 米。这在当时是全世界最高的建筑了。这座铁塔从 1887 年 1 月 20 日动工，到 1889 年 4 月 5 日竣工，只花了不到两年的时间，正好赶上法国资产阶级革命胜利 100 周年纪念。

艾菲尔铁塔建成后，许多人预言，这座塔的寿命不会长久，因为它将在风雨中遭到锈蚀，变脆，最后坍塌。1928 年，美国有几家报纸断言铁塔已经完全生锈而可能在不久的将来会倒塌，但法国的科学家和工程师只是给铁塔重新刷上了一层防锈油漆保护它，并告诉美国报纸，那些说铁塔要倒的说法，不过是一些耸人听闻的谣传，不要把它当回事！果然，铁塔至今还耸立在巴黎的上空。现在，只要常看电视的小朋友，一看到艾菲尔铁塔，就知道那是法国巴黎的象征。

11　世界第一艘铁壳船

现代的军舰和海洋内河大型船舶大多是钢铁制成的，但在 200 多年前，人们还没有见过铁壳船。尽管铁早在几千年前就被使用，但因为它太重，一放进水里就往下沉，所以当时没有人想过用铁来造船。我国著名的航海家郑和七下西洋，率领上万人的庞大舰队使用的也是木船。就是筹建于1874年的清朝北洋海军，到1888年编成北洋水师时，22艘军舰中也只有9艘是铁甲舰，还是从英国和德国购买的。那么世界上第一艘铁壳船是谁制造的呢？

说到建造铁壳船，我们不能不说到被英国人称为"铁匠大师"的约翰·威尔金森。他是18世纪时英国的一位生产钢铁的实业家，为推动钢铁在生产和生活中的应用而创造了许多奇迹，因而又被人称为"钢铁狂人"或"铁疯子"。

当时英国制造了一些大炮，需要通过运河塞文河运到目的地去。可是当时水上的运输工具只有木制的船，木船的载重量承受不起沉重的用钢铁铸就的大炮，而且木质的材料也经不起钢铁家伙的磕磕碰碰，于是钢铁实业家威尔金森宣布他将建造铁壳船。

威尔金森的这个设想一经公布，许多人为之瞠目结舌，铁本身那么重，又不能像木材那样可以随意加工，怎么可能造出浮在水上的铁船，而且还指望用它来运载沉重的大炮哩！

但是威尔金森充满信心地回答说："根据阿基米德浮力定律，物体在水中所受到的浮力，等于它所排开的同体积的水重，我所制造的铁船，只要使它拥有足够大的空间，使船的体积所排开的水重大于船重，铁船就能浮在水面上。我坚信这一点。"

再说如果用钢材做材料制造铁船，加工的问题怎么解决？威尔金森说，他可以用滚轧机将炼成的棒状铁轧成需要厚度的铁板，可以用钻孔机给铁板进行精密的钻孔，再用螺钉铆死，这个方法可以使衔接起来的铁板滴水不漏。威尔金森对自己创造性的设想坚定不移，"钢铁狂人""铁疯子"的外号就是这么来的。

经过一番努力，1787年7月，威尔金森果然在塞文河上放下了一艘用铁板制成的铁船，它吸引周围许多人前去参观，为之惊叹不已。

威尔金森对于这项成功颇感自豪，他在写给朋友的信中说："铁壳船的试航符合我的一切期望。我说服了那些不相信这个设想的人。"

关于这位威尔金森，应该多说几句，他带头制造了铁椅子；制造了酒坊用的各种尺寸的铁管，用来代替传统用的竹管子；也是他，第一个带头建造铁桥，代替传统的石桥和木桥；他还为法国生产了一批输送自来水的铁管子，可以把水通过铁管送到千家万户，成为真正的自来水。他常喜欢说：有一天人们会看到到处是铁做的房子，铁做的道路，铁做的船……在他80高龄去世时，他要求家人把他放在铁棺材里安葬。

12　铁壳船漂洋过海

英国的威尔金森于1787年制成的第一艘铁壳船，仍属于老式的平底小铁船，没有动力，载重量只有20吨。真正使铁壳船成为能行驶在海上有动力的大船，则应该提到世界公认的美国年轻的发明家富尔顿。

富尔顿是在18世纪时由英国移民到美国去的苏格兰人的后代。父亲本是裁缝，到美国以后改为开荒种地，在富尔顿4岁时父亲就去世了。富尔顿从小爱画画，还爱画一些古怪的机器。21岁时，富尔顿来到伦敦，一面画画谋生，一面想继续深造。他的画很受欢迎，由此结识了一些社会名流和伯爵、公爵等贵族，从中认识了发明蒸汽机的瓦特。富尔顿告诉瓦特，他正在致力于设计建造一种用蒸汽做动力的轮船，瓦特愉快地表示一定大力支持他。于是富尔顿开始了试制以蒸汽为动力的轮船的研究。1803年，他的第一艘试制成功的轮船在法国的塞纳河试航，试航虽然获得成功，但没想到就在试航的那天夜里，一阵暴风将船摧毁沉没了。

富尔顿并没有因此而灰心失望，他和工人们连夜从河里把沉没的船打捞出来，一检查，原来木制的船身太单薄了，又载着沉重的蒸汽机锅炉，船经不住风浪的颠簸就拦腰折断了。

查找出原因，富尔顿同时也找到了改进的办法，他认识到如果要制造用蒸汽做动力的船，必须将木制的船壳改为铁制的。这时，英国威尔金森发明的铁壳船使富尔顿得到启发。

又经过一番努力，1807 年，富尔顿的以蒸汽为动力的铁壳轮船制成了，它被用缆绳系在美国哈德逊河的河岸上。当时许多人一是不相信铁壳的船能漂浮在水上，二是不相信用那么笨重的蒸汽机去带动安装在船身两侧的轮子，能将船推动前进，他们将这艘轮船称做是"富尔顿的蠢物"，站在河岸上准备看笑话。

谁知蒸汽机点火以后，高高的烟囱喷出带火星的浓烟，马达发出"突突突"的轰鸣声，这艘人们从未见过的"蠢物"，竟载着 40 位乘客在河上启航了。

这就是第一艘以蒸汽为动力、以铁壳做船身的轮船"克莱蒙特"的胜利试航。它顺利地行驶了 240 千米的路程，只用了 32 个小时。如果是木制船，就是遇到顺风，也得航行 48 个小时。

从那以后，人们开始认识到用钢铁为材料制作船体的优越性，激发起更多人的创造灵感。1822 年，英国人艾伦·曼比制造的铁壳船试航

富尔顿试制成功的"克莱蒙特"号铁壳轮船

成功以后，成为一艘正式的商船，满载着货物从英国伦敦泰晤士河出发，穿过英吉利海峡，顺利到达巴黎。这是铁壳船第一次完成了从英国到法国的海上航行。

后来，铁壳船不断得到改进和发展，具有了许多木质材料做船体所不具备的优点，铁壳船渐渐就取代了木质船，又由于钢材具有比铁更多的优点，钢壳船渐渐取代了铁壳船。到 1890 年，钢材做船壳的船已全部代替了铁做的船，而且这些船大都担负着远洋航行的任务。

13　主轴为何突然断裂

李薰是我国著名的材料冶金学家，他的名字几乎和冶金学中的"发裂""氢脆"这些内行们很熟悉但外行们却很生疏的学术名词连在一起。他证实了钢中发生的"发裂"这种现象是因为钢中存在氢引起的，因而名扬世界，并获得英国的白朗敦奖章和奖金，英国设菲尔德大学为此授予他冶金学博士学位。李薰之所以能获此殊荣，还有一段有趣的经历。

1936 年，李薰从湖南大学矿冶工程系毕业后，为了学到更多的知识将来报效祖国，他来到了英国设菲尔德大学冶金学院，这一年他 24 岁。他在英国努力学习，潜心钻研冶金理论，成绩优异，毕业后被留任为该校冶金研究部的负责人。

事有凑巧，第二次世界大战前夕的 1938 年，在英国突然发生了一起飞机失事的空难事故，造成机毁人亡。失事的是一架英国的"斯皮菲尔"式战斗机，飞行员是一位勋爵的儿子。那一天，蓝天如洗，碧空万里，是适合特技飞行的绝好天气。勋爵的儿子驾驶飞机升空，在碧蓝的天空中做着各种飞行动作，使地面上观看的人目不转睛。忽然，飞机像

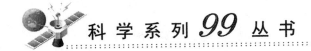

断了线的风筝，一个倒栽葱就向地面坠落，随着一声巨响，整架飞机化成一堆碎片，勋爵的儿子当即死于这场空难。

勋爵的儿子驾驶技术是过硬的，好好的一架飞机为什么会突然失事，很令人疑惑。于是，英国空军下令立即调查飞机失事的原因。结果发现，这起事故并非人为的破坏，而是飞机发动机的主轴断成了两截。经过进一步检查，发现在主轴内部有大量像人的头发丝那么细的裂纹，冶金学中称这种裂纹为"发裂"。

问题不能至此为止，为什么在发动机轴里会出现大量的"发裂"呢？要怎样才能防止这种裂纹造成的断裂现象呢？不搞清这个问题，所有的飞行员只要一上天，就提心吊胆。他们纷纷要求生产发动机轴的冶金工厂搞个水落石出，但是这个问题折腾了一两年也没有搞清。后来，这个难题交给了设菲尔德大学。当时，年方27岁的李薰正在该大学的研究部工作，他毫不犹豫地接受了这一艰巨的任务。

李薰对制造发动机轴的钢进行跟踪调查，做了大量工作，收集到了许多第一手资料，并用显微镜对钢进行了仔细的金相组织检查。他终于发现，钢中的"发裂"是由钢在冶炼过程中混进的氢原子引起的。氢原子混进钢中后就像潜伏在人体中的病毒一样，刚开始并不"兴风作浪"，但一旦"气候"变化，它就跑出来变成小的"氢气泡"，像"定时炸弹"一样，在外力作用下就会一触即发，使钢脆裂。这种脆裂就叫"氢脆"。

1950年，李薰载誉回到祖国，在沈阳创建了中国科学院金属研究所。由于他对氢在钢中的影响的研究有卓越成就，1956年被国家授予自然科学奖。李薰1983年3月20日去世，但一直受到材料科学界的怀念。

14 钢铁的"维生素"

现在世界上每年都有汽车大奖赛之类的体育赛事，竞赛中车毁人亡的事故已是司空见惯。其实，这类汽车竞赛大概已有上百年的历史了。1905年，在一次汽车比赛中因一起撞车事故而意外地使金属钒受到美国汽车大王福特的重视，并使它从此风靡世界。

这一天，美国汽车大王亨利·福特正好也来观看这场汽车比赛，车祸发生后，职业的敏感性使他立即赶到事故现场，他想亲自查看一下汽车受撞之后的损坏情况。受撞的是一辆法国汽车，他仔细检查后，发现汽车受撞后从一根阀轴上掉下来一个零件，零件本身看不出有任何特殊的地方，但是零件闪闪发亮的表面和硬度引起了这位汽车大王的注意。他是汽车行家，对这种事情历来十分敏感。于是他悄悄捡起零件拿回去分析，结果证实这是一种含有钒元素的特殊钢，其性能之好是他这个汽车大王过去一直向往却从来没有见到过的。

福特立即根据这种特殊钢的性能进行了计算，他想，如果在汽车上大量采用这种高强度的含钒特殊钢，汽车的重量肯定会大大减轻，大量的原材料就会节省下来，从而使汽车价格便宜得多。于是，福特决定，立即组织生产这种特殊钢，并大量在汽车上采用。果然，几年之后，福特就以他的物美价廉的汽车在世界的汽车市场上击败了自己的对手。

后来，福特感慨地说："如果没有钒，就不会有福特公司的汽车。"后来，人们就把钒这种元素称为钢铁的维生素"V"：V是钒的英文元素符号。

说起来，钒本身的经历就是一段曲折的故事。1801年，西班牙的

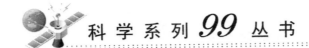

矿物学家里奥在研究墨西哥锡马潘的褐铅矿时，发现了一种新金属元素，这种过去未见过的金属元素化合物的颜色因温度不同而不断变化，于是就给它起了一个名字叫"帕克罗米纳"，即"全色"的意思。后来因为发现这类元素的盐与酸加热时呈红色又改名叫"埃赖特罗立姆"，意即"红色"。可惜，里奥没有重视自己的发现，反而在1802年错误地宣布，说他不久前发现的那种金属其实不是新元素，而是铬。于是，这种新元素被误会为铬而埋没了近30年之久。

1830年，年轻的瑞典化学家塞弗斯托姆用瑞典塔贝里附近的矿石冶炼生铁时，发现炼出的生铁总是脆的，而从另一些铁矿中炼出的铁却有很高的塑性，他决心揭开这个谜。后来终于发现，那些铁之所以总是脆的，是因为矿石中含有一种新元素（这种元素后来被证明就是里奥曾发现过而后来又误认为是铬的那种金属），于是他把这种金属元素命名

这个零件的硬度引起福特的注意

为钒，这个名称是由女神凡娜迪丝的名字演化来的。

由于德国化学家沃勒也曾和里奥一样误认为钒就是铬，所以后来他在给朋友的一封信中懊丧地说："我是一个十足的笨蛋，没有发现褐铅矿中有新的元素。"

后来，瑞典的化学家柏齐利厄斯取笑说："里奥和沃勒两个人都向女神凡娜迪丝求爱，但都没有敲开凡娜迪丝的闺门，只有塞弗斯托姆才获得了女神的爱情，并一见钟情，不久就生下一个宝贝儿子——钒。"

钒是钢铁合金中的重要元素。普通碳素钢加入不到1%的钒，它的弹性和强度就会大大加强，适合于制造船舶、飞机和钢轨等。铬钒钢、铬镍钒钢、铬钒铒钢，其中只有不到1%的钒，但是硬度、韧性和弹力强度都大大增加，适合于制作弹簧。

15　铁的新贡献

铁在历史上的功绩是尽人皆知的，因为它创造了铁器时代。但历史进步到今天，西方有人认为钢铁工业已是夕阳工业，寿命不会太长了。事实则并非如此，世界仍然离不开铁，而且现在又有科学家试图给铁派上新用场，"委派"它去降低全球的温室效应。这听起来有点让人莫名其妙，铁怎么能承担如此重任呢？但如果你知道了有关已故科学家马尔丁的故事，你就会明白了。

近年来，由于温室效应已使全球气候变暖，并给人类未来的生活和生存带来了威胁，而造成温室效应的罪魁祸首是大气中不断增加的二氧化碳。它像在地球周围罩了一层玻璃，阻挡了太阳的热量返回太空，形成一个"地球温室"，因此许多科学家都在设法降低温室效应。

20 世纪 80 年代，美国一位叫约翰·马尔丁的海洋学家就开始研究怎样控制全球气候变暖的问题。他认为，仅陆地上的植物，通过光合作用每年就能吸收 200 亿～300 亿吨碳（这些碳来源于大气中的二氧化碳）。然而陆地上的植物仅是全球植物的很少一部分，在占地球面积 70％以上的海洋中也有植物。比如海水中的浮游藻类，它们吸收大气中二氧化碳的能力并不比高大的陆地植物逊色，一年能吸收 400 亿吨左右的碳。

但是他发现，在地球南极水域中的浮游藻类植物特别稀少。为什么不能在这里大量繁殖海藻来吸收二氧化碳呢？他在南极考察时，南极区的植物并不稀少，甚至比英国周围的海水中还多，水温对海藻也很适合，但南极海藻为何不能繁殖呢？

后来，马尔丁发现，在南极海域的海水中铁的浓度特别低。正常的海水中的含铁量为每升 $1/(1.6 \times 10^8)$ 毫克，而南极海水中的铁每升只有 $1/(8 \times 10^9)$ 毫克，相差约 50 倍。因此海藻的光合作用无法完成，因为铁是参与光合作用不可缺少的元素，就像人体中缺铁会造成贫血，严重时还会造成死亡一样。

马尔丁提出了一个在南极海域大量繁殖海藻的大胆方案，即向那里的海水中投放约 10 亿千克铁粉，使那里的约 320 万立方千米的海水中的铁含量增加，这一任务用大型的油船即可完成。据马尔丁计算，投放铁粉后，海藻就会大量增加，每年可以多吸收 64000 亿千克二氧化碳，这一数量几乎相当全世界工业生产一年排放的二氧化碳。这样，全球性气候变暖就会得到缓解。当然，也有一些科学家不同意这种方法，但大多数环境科学家都称赞马尔丁的大胆设想。

马尔丁为了证实方案的可行性，专门收集了许多瓶南极海水，然后以正常海水（含铁正常）为对照，在各瓶南极海水中加入不同剂量的铁粉后，分别繁殖海藻。结果发现，凡加入足够铁粉的瓶子内，海藻毫无例外地旺盛生长，仅几天内其产生的叶绿素含量就猛增 10 多倍。他还准备在南极地区的海面上人工设置一些人造浮体，种植几百万平方千米的海藻，补施铁质肥料，用以促进海藻的大量繁殖。可惜的是，他的宏伟计划还没有实现，就不幸去世了。但愿他的计划将会由他的支持者来实现。

在海水中投放铁粉，促进海藻繁殖

16　圣彼得堡的钮扣神秘失踪

20世纪初期，在俄国的圣彼得堡，有一个专供部队用的军需仓库，仓库里保存着部队所需的各种军需物资，有被服、军鞋、水壶等等。那时候，军服上的钮扣大部分是用金属做的，因此，在圣彼得堡的这座军

需仓库里也保存着一箱箱的金属钮扣。

一天，军需官对仓库的各类物资进行检查，开始一切都很正常。但是，当仓库保管员打开装着金属钮扣的箱子时，不禁目瞪口呆。原来，装在箱子里的钮扣不知去向，只剩下一种灰色的粉末堆满在箱底。检查仓库大门，并没有被人破坏的痕迹。这一下把军需官和保管员吓得面如土色。因为，既然不是外人偷窃，就会被上司认为这是"监守自盗"，那罪可就大了，很可能会被送到军事法庭审判。

后来，军需官注意到箱底上的那堆灰色粉末。这东西是哪里来的呢？于是，他把这堆粉末送到化学实验室去分析。不久，分析报告出来了，化验报告上说，箱底上的灰色粉末全是金属锡。军需官终于松了一口气，他知道，至少不会有坐牢的麻烦了。

原来，锡是人类最早应用于生产和生活的金属之一，它带有银白色的光泽，熔点低，只有231.88℃，容易铸造，所以那时的军服上流行采用锡做的钮扣，却没想到，这一回，好好的锡钮扣，怎么会无缘无故就变成了一堆粉末呢？其实，事情并不奇怪，而是他们不了解锡这种金属的"性格"。锡这东西怕"冷"，如果仓库里的温度低于−13℃时，它就会得一种称为"锡疫"的病，最后会浑身溃烂，变成粉末。

早在中世纪时人们就发现，当把锡器放在零摄氏度以下的露天中时，器皿上就会发生"溃疡"，而且溃疡会越来越大，最后蔓延到使整个锡器变成粉末。更令人害怕的是，即使是"健康"的锡器，如果和有"病"的锡器接触，还会发生传染，染上灰色的斑点而逐渐腐烂。

中世纪的一些传教士们不懂得科学，以为"锡疫"是一些巫婆施展的巫术引起的，为此，许多清白无辜的女人还被当做巫婆烧死在火神柱上。其实，"锡疫"是由于温度太低引起的，和巫婆毫无关系。

锡这种金属在不同温度下，有不同的结晶状态，就像水在零摄氏度时会由液体变固体，在100℃时会由液体变气体一样。当锡在室温以上时，它叫白锡，密度大，塑性也好，但一旦温度低于−13℃，它就变成灰锡，密度由每立方厘米7.298克一下子减少到每立方厘米5.846克，也就是说它变松了，由于体积的急剧膨胀，产生了很大的内应力，最后被"炸"成粉末。

圣彼得堡在冬天极为寒冷，可是军需官不知锡的"脾气"，不知道把它送到温暖点的房间里保管起来，锡钮扣当然就会冻成"一摊烂泥"了。

"锡疫"怕冷的毛病有没有办法治好呢？有的，那就是打"预防针"，这里的所谓"预防针"，是指在制造锡用具时，先在里头加上 5‰的金属铋就成了，铋这种金属能使锡在低温下保持稳定，再冷的天也不会得"锡疫"。

糟糕，这些金属钮扣哪儿去了?!

17　隐蔽的杀手

　　世界上有许多历史悬案长期以来一直令人迷惑不解，吸引着许多历史学家和考古工作者。不久的将来，解开这些悬案的钥匙很可能会和历史上人们自认为熟悉的材料有关。比如，在古罗马的贵族中，平均寿命不超过 25 岁，这些生活舒适、养尊处优的贵族甚至比平民和奴隶阶层的人还要短命，这件事一直是个谜。又据历史记载，18 世纪英国女王安妮曾怀孕过 17 个孩子，但不是流产就是产后婴儿无缘无故地死掉，这也令人觉得莫名其妙。看来，这都是一些当时的人看不见或认不出的"隐蔽的杀手"干的，可这些"杀手"到底是谁呢？

　　要查清这些悬案，离不开对罗马古城遗址的研究，因此，罗马古城遗址吸引着世界上许多考古学家。在考古中，许多人在古罗马遗址发掘出的尸体中，发现含有大量的铅，同时也发现了墓葬中的一些铅制餐具和含铅的化妆品。

　　于是，美国的一些研究毒物的药学家提出了对上述历史悬案的分析意见，他们认为，古罗马贵族之所以短命，和他们普遍喜欢使用铅制的餐具和含铅的化妆品引起铅中毒有关。当时的贵族以为铅是一种好东西，是可以把自己打扮得漂亮的时髦产品，却对铅的危害一无所知，因而长期使用，结果无不发生慢性中毒。这并不奇怪，就像中国的许多皇帝一样，老指望"长生不老"，因此经常吃一些所谓炼丹士炼出的"仙丹"，结果是越吃越短命，原因是那些"仙丹"中常含有大量的汞，汞也能引起中毒。

　　但也有些人提出疑问，为什么古罗马的平民和奴隶的寿命比贵族的寿命也长不了多少呢？尽管这些人当时并没有昂贵的铅餐具，也无钱使用化妆品。这个答案看来也找到了。大家知道，古罗马曾修建了一条著名的引水道，从东郊把泉水引入城内，供居民使用，而安在每家每户的水管却是用铅制成的。人们发现，古罗马人食用的水中有大量的二氧化碳，二氧化碳和铅水管壁接触起反应生成碳酸铅，这种化合物容易溶解在水中。在人的身体内，即使是很微量的铅也会滞留下来，引起各种慢性疾病。现在我们知道，凡是铅中毒的人，轻则神经衰弱、肠绞痛、贫血和肌肉瘫痪，重则发生脑病直至死亡。古罗马人成天饮用用铅水管输送的水，中毒也就在劫难逃了。看来，美国的毒物药学家的分析不无

古罗马短命的贵族，可能死于铅中毒

道理。

最近，英国的一位医学博士罗尔斯也对英国女王安妮没有留下一个活着的孩子提出了"破案"分析。他认为，在安妮在位的 1645—1715 年间，战争频繁发生，气候恶劣，而当时所酿的葡萄酒质量低劣，为了改善酒的味道，一些制造酒的商人在酒里掺过一氧化铅，女王又经常饮这种葡萄酒。另外，女王还喜欢用化妆品来掩盖自己的多斑的脸。化妆品中的含铅化合物对婴儿也会造成威胁。

所有这些悬案的分析，当然直接证据显得很不足。但有一点可以肯定，现代人们对铅中毒的危害已有了明确的认识。因此，人们在和铅打交道时，尤其是和化妆品打交道时，要多留点神，以免遭这个"隐蔽的杀手"的暗算。可喜的是，人们现在都知道铅的厉害，国家对各种餐具（如瓷器）也规定了其中的含铅量不允许高于安全值，以杜绝铅对人类潜在的威胁。

不过话又说回来，铅是人类早在公元前 3000 年就已开始发现和利用的金属，它熔点低，在 327.5℃就可熔化，质地又较软，所以古人用它做过很多日用品。在现代，铅仍是制作电缆、蓄电池等的材料，特别是应用在核电站中，用来防 X 射线。

18　幸运的军官，倒霉的士兵

银和锡尽管都是最古老的金属，但它们自古就不属于一个等级。银虽不像金子那样受人器重，但在锡面前，它就觉得"高人一等"。在古代的军队中，无论是军官还是士兵，行军作战都要带水壶或水杯。在有些军队中，官兵所带水杯的材料就不一样，军官们用的都是银杯，而士兵用的是锡做的杯子。公元前356—前323年的古马其顿国王大亚历山大的军队就是如此。在等级森严的古代军队中，军官和士兵享受不同待遇看来不值得大惊小怪。但是，大亚历山大决没有想到，对士兵的这种不公平，也使他自己吃了苦头，不得不在打了一个接一个的胜仗后，忍痛大退却：真所谓"胜利大逃亡"。

事情很有些戏剧性。公元前334年，马其顿国王大亚历山大三世统率着由3万步兵、5千水兵组成的希腊和马其顿联合军，横渡欧洲和小亚细亚之间的赫勒斯海峡（今达达尼亚海峡），击败了比自己军队人马数量多3倍的十几万波斯大军，然后他又一鼓作气，打败了埃及、巴比伦等国家。公元前327年，大亚历山大的军队进军印度，仍是一路所向披靡，几乎没有人能抵挡得住这位常胜将军。

但是，当大亚历山大到达希达斯皮斯河（今杰卢姆河），并打败国王色鲁斯骑着战象的军队后，他的部队却一天天地失去战斗力，再也无法作战了。原来，他的部队到达这一地区后，许多士兵突然得了一种奇怪的肠胃病，得病的士兵筋疲力尽，苦不堪言，当时的军医因找不到士兵的病因，无法对症下药，对此病束手无策，得病的人数不断增加。莫名其妙的是，当时虽然军官和士兵一样风餐露宿，但各级指挥官得这种怪病的比士兵要少得多！

军医迷惑不解，最后，他们注意到水杯的问题，原来，各级军官使用的水杯都是银制的，而士兵用的是锡制杯。2000多年前，人们还不懂得水中有细菌这一说，喝水得病，都认为是水土不服。其实，士兵得肠胃病是水中细菌感染引起的。而军官虽然也喝同样的水，可他们用的是银杯。现在许多试验证明，银有杀死许多细菌的功能。有人做过试验，在1千克水中只要含有十亿分之几毫克的银，就能杀死大部分细菌。因此，大亚历山大的军队里军官们得肠胃病的人很少就不足为奇了。结果，这位常胜将军不得不命令他的部队迅速撤出印度，因为用锡杯饮水得病的士兵根本没有战斗力了。

银子能净化饮水的记载可以追溯到很久之前，古希腊历史学家希罗

用锡杯饮水的士兵纷纷得病

多德曾记载：公元前 5 世纪，波斯国王小居鲁士饮用的水总是盛在"神圣的银器皿内"。在印度的经书中，也有在水中浸入加热到白炽的银使水净化的记载。

19　黏土中提炼出的金属

　　铝这种金属有许多讨人喜欢的性能。它比铁轻巧，比重只有 2.7，比铁和铜小得多；导电导热性仅次于银、金和铜；有良好的塑性，能碾压成仅仅 3 微米厚的铝箔；27 克铝可以拉成 1 千米长的细丝，绕起来又可以放进一个火柴盒内。因此，铝合金制品不仅进入了人们的日常生活中，而且天上飞的飞机、卫星，地上跑的汽车、火车，海上航行的船舶、舰艇，地下埋的电缆等形形色色的工业产品中都有铝合金。不过，铝的发现和使用也经历了许多曲折。

古代欧洲的历史学家普利尼长老曾讲过一个惊人的故事，那大约是不到2000年前的事。有一天，一个陌生人来到古罗马，拜见罗马皇帝提比略，他献给提比略一只金属杯子，这只杯子像银子一样闪闪发光，但分量很轻，比银杯轻得多。这个人对皇帝说，这种新的金属杯子是他用从黏土中提炼出来的金属制造的。提比略是一个目光短浅、爱财如命、饱食终日的暴君。他对陌生人贡献杯子虚伪地表示了感谢，但过后他一想，觉得这位陌生人对他是个很大的威胁，就下令手下人追捕这位发明家，把他杀掉，之后又把他生产这种新金属的作坊捣毁。原来，提比略害怕这位陌生人从黏土中提炼的大批新金属会使自己的金银财宝贬值。从此，再也没有人动过提炼这种"危险金属"的念头。现在很难说这个故事是真的还是虚构的。但是，从黏土中提炼出来的这种金属至少是从那以后就销声匿迹了。而现在已经知道，铝确实是从含氧化铝丰富的黏土中提炼出来的。

到了16世纪，一位叫帕拉塞尔沙的科学家又闯进了铝的世界。他研究了许多矿物和金属，其中包括明矾（即硫酸铝），证实其中存在当时还不知道的一种金属氧化物，后来才知道那就是氧化铝。但当时谁也没能把这种金属分离出来。

1746年，德国人波特从明矾中制成了一种氧化物，即氧化铝。但他也没有能从氧化铝中把铝分离出来。

1807年，英国科学家戴维用电解法发现了钠和钾两种新金属，但当他试图用同样的电解法分解氧化铝取得铝金属时，却没有成功。几年之后，瑞典化学家柏齐利厄斯进行了类似的实验，也以失败而告终，可见铝和氧的亲合力极大，达到难解难分的程度。

1825年，丹麦科学家奥斯特用钾汞齐还原无水氧化铝，终于取得

成功，他第一次提炼出的铝只有几毫克，样子和颜色有点像锡。他在一个化学杂志上发表了实验的结果，由于这个杂志不太有名，这篇划时代的文章当时竟被科学界冷落了。

两年后，年轻的德国化学家沃勒在丹麦首都哥本哈根拜访了奥斯特。奥斯特这时已不打算继续做提炼铝的试验，于是沃勒回到德国，立即以极大的兴趣着手研究铝的提炼方法。到1927年末，他发表文章介绍了自己提炼这种新金属的方法，在开始实验时，他提炼出的铝也就针头那么大小，经过不断改进，他终于提炼出一块致密的铝块，但为了提炼出这一小块铝，整整耗费了他18个年头的宝贵光阴。

王啊，这只金属杯子的金属是从黏土中提炼出来的

20 拿破仑的餐叉和钮扣

现在，对铝制品谁也不稀罕，谁家都有铝锅、铝盆、铝勺之类的日用器具。可是，在100多年前，凡和铝沾边的东西，就是一种极贵重的宝贝，别说是铝锅，就是谁家有一把铝勺，那都身价百倍。当时，就像法国皇帝拿破仑三世这样的一国之君，对铝也是垂涎三尺。有一个故事，讲的就是他如何像赶"新潮"的小伙子一样对铝极尽顶礼膜拜之能事的。

1848年以后，拿破仑三世登上了法国皇帝的宝座。这位法国皇帝很能干，但也很虚荣。当时，铝这种金属由于产量很少，成本比金子还高，因而很难得到。据说，当时有一位欧洲的国王买了一件有铝钮扣的衣服之后，就趾高气扬，并且瞧不起那些买不起这种奢侈品的穷国的君主。当然，买不起铝钮扣的君主们又十分嫉妒这位有着十分罕见的钮扣的国王，渴望着有朝一日也能得到这种钮扣。

拿破仑三世上台后，决定炫耀一下自己的与众不同。一天，他举办了一个盛大的宴会，邀请了王室成员和贵族赴宴，另外还有一些地位较低的来宾。客人入席后，发现用餐的餐具各不相同，在高贵的王室成员和皇宫贵族的餐桌上摆的都是铝匙和铝叉，而在地位较低的来宾面前，摆的却是普通的金制和银制的餐具。那一天，宴会虽很丰盛，但是使用金制和银制餐具的人心里就堵得慌，因为他们发觉自己是在低人一等的餐桌上用餐。其实，这也不是拿破仑三世的本意，而是在当时，即使是皇上也无法给每个来宾提供当时是既贵重而又稀少的铝餐具。

不久，拿破仑三世决定摆脱这种"寒酸"局面。他给提炼铝的法国

科学家和工业家圣克莱尔·德维利提供了一大笔资金，用来大量生产铝，他准备用这些铝为法国军队士兵的所有服装上都安上铝钮扣并装备铝胸甲。但是，由于当时铝的冶炼方法很落后，又没有足够的电力，因此铝的产量一直很少，德维利生产的铝仍然很贵，结果，拿破仑三世用铝钮扣和铝胸甲装备法国军队的计划没有实现。但是，他对保卫他的安全的警卫部队则另眼相看，为他们装备了新的铝胸甲。

一直到 19 世纪 80 年代，铝仍然是一种有珠宝价值的珍贵金属。有这样一件有趣的事，很充分地说明了那时铝的价值：1889 年，俄国著名的化学家门捷列夫到英国伦敦访问和讲学，英国科学家为表彰他在化学上的杰出贡献，尤其是在发现元素周期律和建立元素周期表上的贡献，赠给他一件贵重的奖品，就是用金和铝制成的一架天平。

100 多年后，铝进入了最平常的百姓家中，这是拿破仑三世决没有想到的。铝现在变得这么便宜，要归功于那些一直在研究如何大批生产铝的科学家。19 世纪末，奥地利化学家拜尔在前人实验的基础上研究出了一种生产铝的方法——电解氧化铝。不久后，铝的产量剧增，铝的价格也大降。在俄国，1854 年时 1 千克铝要 1200 卢布；而到 19 世纪末，就降到了 1 个卢布。珠宝商人从此对铝失去了兴趣，但铝却受到了整个工业界的青睐。

21　带翼的金属

世界上有些事就是怪，真所谓有心栽花花不开，无心插柳柳成荫。这里给你讲一个硬铝材料是怎么发明的巧事。硬铝也叫杜拉铝，现在已广泛用于飞机、火箭、汽车、火车、船舶等许多军用和民用产品中。

硬铝是怎么发现的呢？

那是 20 世纪初的一天，德国化学家威姆研究出一种比纯铝更硬的含有铜、镁和锰的铝合金，令他惊异的是，当把这种铝合金加热到 600℃，再保持一段时间，然后投入水中急速冷却时，铝合金的硬度还能进一步增加，而且强度也同时增加。不过，用不同的试样进行的这种试验，所得到的铝合金硬度和强度都不一致，威姆怀疑他用的仪器不准确。因此，他决定用几天时间专门检查仪器，看看仪器的精确度是否合格。在这几天里，威姆把经过水中急速冷却过的试样，放在一旁的工作台上，再也没理睬它们。

过了几天，仪器都检查完了，仪器的精确度没有什么问题。于是，他把前几天放在工作台上的试样又取来，重新一个一个地测量它们的硬度。结果大出他的所料，他发现所有试样的硬度比前几天的测量结果又高了很多。开始，他几乎不相信自己的眼睛，因为，合金在强度试验机上显示的强度值比前几天的测量结果几乎增加了一倍。

他一次次反复试验，进一步发现，凡是经过加热和在水中急速冷却过的这种铝合金，在 5 天到 7 天内，硬度和强度值是连续不断地增加的，时间再延长后测量的硬度和强度才趋于稳定不变。

威姆兴奋极了，他把铝合金在水中急冷后能自己逐渐增加硬度和强度的现象，叫做"自然时效"，而把急冷过程叫做"淬火"。

威姆在发现这一现象时，还不知道这是什么原因。不过，他通过不断试验找到了铝合金最适合的成分，即铝合金中含多少铜、多少镁和锰时，这种自然增加硬度和强度的现象最为显著。同时，他也用试验摸索出加热到多高的温度再放入水中冷却，所达到的增硬增强效果最好。

最后，他发明的这种铝合金获得了专利权。不久，他把专利卖给了一家德国公司，这家公司于 1911 年生产了第一批铝合金，赢得了大量客户的订货，一下子就发了大财。后来，公司把这种铝合金命名为"杜拉铝"，这是用一个叫杜莱恩的城镇的拼音演化的，因为这个城镇最早从事这种铝合金的大规模生产。后来，这种铝也称做硬铝，因为它的硬

度比一般铝合金都高。

硬铝的出现，给铝的应用开辟了更广阔的市场，成为一种在高科技领域中有特殊用途的材料。1919 年，硬铝就开始用于飞机，从那时起，铝和航空事业紧紧地连在一起，因此，有些国家把铝誉为"带翼的金属"，即能飞的意思。铝合金还有一个重要的特性是不怕低温，锡在－13℃时会得"锡疫"，有的钢在低温状态下也可能变脆，但是铝合金在－196℃时，它的强度和韧性不但没有降低，反而有所提高，所以是便宜而且轻巧的低温材料，可用做火箭的液氧、液氢贮存箱等零部件。我国现在生产的歼击机、轰炸机和发射卫星的火箭上都有不少用硬铝制作的零件。

22　可以装进香烟盒的毯子

拿破仑三世曾经想为他的军队士兵服装上都安上铝钮扣，装备上铝胸甲。因为当时铝的产量太少价格奇贵而没有成功。他决没有想到铝对人类还有更多的贡献，而不是仅仅作为炫耀财富的一种资本。

长期以来，进行野外训练的士兵、地质探矿学家、旅游者和各种经常在野外作业的人都希望有一套既轻便又保暖的装备。为了实现这个愿望，科学家把目光对准了铝。因为铝这种金属很轻，既耐腐蚀又有很好的塑性。1955 年，匈牙利发行了一种厚度仅 0.009 毫米的铝箔制成的邮票，成为集邮爱好者的抢手货。这一别出心裁的做法引起了捷克斯洛伐克的工程师的注意。

既然铝能制成薄如纸的邮票，它能不能制成铝丝，织成纺织品呢？敢想才能敢干，到 20 世纪 70 年代初，捷克斯洛伐克终于生产出一种有铝涂层的纺织品，纺织品薄如纸，上面的铝涂层闪光锃亮，像镜面一样，既能反光还能反射辐射热。他们用这种铝纺织品生产出供野外工作者用的毯子，夜间盖在身上能成为非常理想的"保温室"，因为这种毯子里面的铝涂层能把人体发散的热量反射回去。这种铝织品毯子非常轻，只有 55 克重，可以折叠起来装进一个香烟盒大小的盒子里。

铝织品毯子的出现使日本人大开眼界。日本人历来有好学创新精神。20 世纪 80 年代，日本一家叫鹿岛公司的商社和其他几家公司联合研制出一种铝窗帘。这种铝织品窗帘非常新颖别致，拉上这种窗帘后，室内的人能看清窗外的景色，而从室外看室内，却什么也看不清。原来，这种窗帘是用高透明、高强度的聚碳酸酯片蒸镀一层铝薄膜制成的，窗帘上的铝膜薄得能把太阳光中的大部分可见光反射掉，使进入室内的可见光减少到只剩 15％。这样，既可使室内保持凉爽，又能看到室外景色。而由于室外明亮室内阴暗，从室外向室内看当然也就什么也看不清。

用铝材料制出能保温的、薄得可以装进烟盒的毯子

到冬天时，室外景色大减，无美景可观时，就把窗帘翻过来挂，即把有铝涂层的一面朝向室内，这样，室内的热量被窗帘上的铝膜反射回来而不会从窗户散发出去，起到"毯子"的保暖作用。

铝织品既然可以做毯子、窗帘，当然也就可以做衣服。苏联和美国的宇航员穿的太空服，就是用类似的铝织品制造的，叫做太空棉服。

1991年冬季，在北京流行的太空棉服，其中就有铝这种轻金属在起作用，穿太空棉服时，有金属膜的一面必须面向人体，这样才能起保暖作用。

现在，铝织品的用途更加广阔，在热带地区可用它制成铝帽、铝服装和铝织品帐篷。给炼钢炉旁的工人、消防队的队员制作的铝膜朝外的工作服，则可以起防热、隔热的作用。

23 充当过"便衣警察"的锂

眼下，有些人为了发大财，常常以次充好、短斤缺两、坑骗顾客。其实这样的人，古今中外都有，国外的一些"个体户"宰起人来，更是"蝎虎"。

19世纪末，美国哈佛大学一位叫罗伯特·伍德的学生就被一位老板娘算计过，不过，伍德利用自己的智慧和材料科学的知识，反而使这位老板娘栽了一个跟头。

1891年，罗伯特·伍德还是学生的时候，来到马里兰州巴尔的摩大学深造，向著名教授莱蒙森学习化学。伍德在学校附近的一家旅店里住了下来，开始了他的学业。这间旅店不仅可以住宿，还可以就餐，倒也方便。但不久，旅店里的其他学生告诉他，这间旅店的老板娘很不地

道，经常把前一天人家吃过的残汤剩菜收集起来充当第二天的早餐，但因拿不到证据，对她硬是无可奈何。

罗伯特·伍德正在学习化学，决定一显身手。一天，吃完晚饭后，他故意剩下几片肉留在盘子里，然后把金属锂的一种化合物氯化锂洒在这几片剩下的肉上。锂本是一种比水还轻的金属材料（比重只有水的一半左右，在28℃温度下，每立方厘米才重0.534克），在室温下也会和空气中的氧、氮等气体发生强烈的化学反应，所以平时要放在石蜡中保存。但锂和氯气化合后就成了一种和食盐味道差不多的氯化锂。也就是锂用氯气一"化装"，外表为银白色的软金属，就变成了看上去和食盐（氯化钠）一样的物质，而且氯化锂对人体没有什么危害。

伍德把氯化锂这个"便衣警察"派到剩下的肉片中"卧底"后，就安心睡大觉去了，单等第二天抓到证据。第二天早餐一端上桌，伍德就要所有就餐的学生把老板娘端上来的肉片全部收集起来。然后，伍德用分光镜对肉片进行检验，结果不出所料，在分光镜下果然出现了只有锂这种金属元素才能产生的红色谱线。老板娘昧着良心赚钱的丑行终于暴露。以后，老板娘再也不敢弄虚作假了。

后来罗伯特·伍德成了美国有名的科学家。

不过，锂的用处绝不是充当小小的"便衣警察"，它的用处比这要大得多。

在第二次世界大战期间，锂这种金属曾是飞行员随身携带的"护身符"。原来，锂和氢特别容易化合，而且，少量的锂可以和体积大得惊人的氢气化合，1千克氢化锂就含2800升的氢气，因此在飞行员的救生设备上都配有轻便的氢化锂丸作为救急之用。当飞机失事或被击落，驾驶员落入水中时，只要一碰到水，氢化锂丸就立即溶解，释放出大量氢气，使救生艇、救生衣、讯号气球天线等救生设备充气膨胀，飞行员浮在水面上可以获得救生的机会。

到现代，锂的用处就更多了。锂加入铝变成铝锂合金后，合金的强度增加了，重量却减轻了许多，因此成了现代航空航天工业最受欢迎的

轻质合金材料。

锂在燃烧时，1千克锂可以释放出 42970 焦耳的热量，比硝化甘油爆炸时释放的热量还多，1千克硝化甘油只产生 6192 焦耳的热量，所以锂也是很理想的火箭燃料。锂，别看它比水轻，但它的能量却大得惊人！

24　让灯泡照明更长时间

爱迪生一辈子有 2000 多种新发明，像电影、电灯、留声机等，都是爱迪生发明的。从 1847 年 2 月 11 日诞生到 1931 年 10 月 18 日逝世，爱迪生活了 84 岁，有人替他计算了一下，平均每 15 天就有一项新发明。看上去搞发明对爱迪生来说，简直就像家常便饭一般。其实，任何发明都不轻松，就拿电灯的发明来说，其经历就千辛万苦，光是为寻找合适的灯丝材料，爱迪生就试验了几千种耐热和抗氧化的材料。

1879 年 4 月中旬的一天傍晚，爱迪生在连遭失败后，又开始用铂做电灯泡的灯丝进行试验。铂这种金属即使加热到熔化也不会氧化，熔点也很高（1773℃），爱迪生心想铂金属也许能做灯丝。但是，当他通电点亮铂丝电灯泡后，还没有亮一袋烟的功夫，灯丝"扑哧"一声就烧断了。爱迪生的心里沉甸甸的，两条眉毛拧成了小疙瘩。但是，爱迪生是个坚强的人，从来也没有在失败面前服过输。

他想，问题还是出在灯丝材料上，看来铂的耐热温度还是不够高。于是，他取出纸和笔记下他所知道的全部耐高温的材料，密密麻麻写了好些页，一数竟有 1600 多种。于是爱迪生又按照这个材料单开始逐项试验，出乎意料的是，这 1600 多种耐热材料硬是没有一种比铂丝更好的。爱迪生分析了灯丝在通电后产生高温被烧断的原因，认为是与灯泡内空气中的氧起了氧化作用，于是爱迪生将灯泡里的空气抽空，再用铂丝进行一次试验，灯丝的寿命果然有提高，但也就两个来钟头，时间显然还是太短了，因为铂丝比黄金还贵，两个小时坏一只灯泡，谁买得起？只能另找出路！

一天，爱迪生又想起了用炭再做一次试验，这种材料他过去试过，但当时灯泡没有抽成真空，他想，既然抽成真空能使铂丝寿命增加到两个小时，也许真空对炭也有好处。于是他找来一截棉纱先在炉火上烤成炭，装在抽成真空的灯泡里进行试验，效果真的不错。1879年10月21日，爱迪生把一截棉线弯成马蹄形后再炭化，这一改进使炭丝在抽成真空的灯泡中亮了45个小时。爱迪生当然很高兴，他得到一个结论：灯丝的寿命和它的熔点有关（炭的熔点比铂高，可达到3450℃），而且也

经过数千次试验，终于发现钨丝是白炽灯理想的灯丝

和材料是不是易氧化有关。

但爱迪生并不满足，45 个小时，不就连续亮了不到两昼夜么?! 他又继续寻找新的材料和方法，到 1880 年 5 月初，他一共试验过约 6000 种植物纤维。其中，他用竹丝炭化后的炭纤维做灯丝，使灯泡连续亮了 1200 个小时，即 50 天！

就这样，爱迪生用他顽强的毅力终于找到了可以实际应用的竹丝灯，给千家万户带来了由电发出的光明，这种竹丝灯在市场上一连使用了许多年。后来，爱迪生又发明了一种化学纤维，把它炭化后代替竹丝炭化的灯丝，灯泡的寿命又有了提高。

到 19 世纪末，一种高熔点的金属钨（熔点为 3370℃）已经能大量生产，于是从 1903 年开始逐渐改用钨丝做电灯泡的灯丝。钨丝一出现，就大显神通，不仅寿命大大提高，而且发光的效率也提高了好几倍，使用范围一下遍及全世界。我们现在使用的大部分白炽电灯泡，用的就是钨丝。

可见，人们要找到一种符合设计需要的合格材料，往往都是付出了很多心血和花费了相当长时间的。

25 历经坎坷的钛

金属钛，是现代化工业中独领风骚的一颗材料"明星"，它的比重比铁小（钛的比重 4.5，铁的比重 7.8 左右），但强度却比许多钢材还高，它在 500℃ 的高温下也能保持强度不变；而在超低温下，钛的电阻几乎等于 0，因而又是一种优良的超导材料。由于钛具有许多优异的性能，使它在航空、航天、航海工业中特别受到重视，成为不可缺少的材料，被称为"空间金属"。但是，在钛成名之前，却一直受人轻视，历尽坎坷。首先，它的出生就像一个难产的婴儿，极不顺利。

那是在200多年前的1791年，英国的化学家和矿物学家威廉·格雷戈尔在一种铁矿石中发现了一种新元素，但却没能把它提炼出来，于是给它取了一个不太吉利的名字叫"梅纳辛"，英文中"梅纳辛"（Menaccin）隐含着"威胁"和"祸事临头"的意思。1795年，德国化学家马丁·克拉普罗特在研究金红石时，又发现了这种元素，他认为"梅纳辛"这个名字不好，就趁机改了一个好听的名字"钛"，钛的英文名字Titanium是从希腊神话中的提坦神（Titan）演化来的，意思是"力大无比"。因为传说提坦神曾统治过世界上的巨人族。后来，钛"长大成人"后，果然"力大无比"，在飞机、宇宙飞船、潜水艇等许多尖端工业中都建立过不朽的功勋，不过这是后话，暂且不提。

虽然名字是好听了，但钛却只是孕育在钛铁矿和金红石这些"母体"中，始终也没有分离出一个"纯种"来，它以二氧化钛（一种白色晶体粉末）的形式隐蔽起来，始终不愿降生人世。

就这么一直拖了80年，到了1875年，俄国的化学家基利洛夫才第一次分离出金属钛，还写了一本叫《钛的研究》的小册子。但在沙皇时代，没有人对钛这个陌生的金属感兴趣，何况基利洛夫得到的钛中，杂质不少，一碰就碎。在性质上并没有表现出什么特别的优点，所以钛又被人冷落了许多年。

到1910年，美国一位叫亨特的化学家，总结了前人提炼金属钛的方法，改用金属钠还原四氯化钛，终于得到了比较纯的钛（杂质只有百分之零点几）。但是，不管怎么说，这种"纯"钛还是不能用，因为即使这百分之零点几的杂质也仍然使钛又脆又弱，经不起机械加工，那些杂质就像蛋糕中的苍蝇一样令人讨厌。结果，钛还是落了一个"毫无用处的金属"的坏名声。

到了1925年，荷兰的科学家范·阿克尔和德博尔在一根加热的钨丝上还原四氯化钛，得到了高纯度的钛。他们发现，这种高纯度钛具有

很高的可塑性，可以像铁一样轧成板、棒和丝材，甚至可轧成最薄的箔片；更令人惊讶的是，它的强度和硬度很高，比铝硬11倍，比铁和铜硬3倍。

钛这个被人轻视了100多年称为"毫无用处的金属"的名誉终于得到了更正。

1950年，美国首次在F－84战斗轰炸机上使用了钛。60年代，钛在军用飞机中的用量达到飞机结构重量的20％～25％。苏联的大型客机图－144的发动机舱、副翼和方向舵也采用钛。70年代，美国的波音747客机用钛量达3640千克。美国的一架高空高速侦察机上，钛占飞机结构重量的93％，号称全钛飞机。钛才真的飞黄腾达起来！

钛真没有辜负给它取名字的德国化学家马丁·克拉普罗特的期望，它以力大无比的卓越表现赢得了应得的荣誉。

26 长期被埋没的"功臣"

有一种金属在遥远的古代就被年轻的姑娘所喜爱，它就是镍，她们常常把含镍很高的陨铁制成首饰套在脖子上、手腕上或戴在头发上。古代埃及、中国和巴比伦人都有过这种经历。但是，那时连首饰匠也不知道镍是什么东西。因此长期以来，古人对镍是"相见不相识"。在今天云南会泽巧家一带，因出产银、铅和白铜，在东晋时就已出名。现在知道，所谓"白铜"，其实是含铜40％～59％，含镍7.7％～31.6％，含锌25.4％～45％的铜镍锌合金。后来在四川会理力马河、青矿山也发现有古镍矿的遗址。可是，镍却一直是个无名英雄，长期为人类服务却不为世人所知。

在中世纪欧洲，镍的遭遇更是悲惨。那时，人们都把含镍的矿石叫做"铜魔"。关于这段冤假错案，还有一段故事。那时，日耳曼民族中的撒克逊人有不少矿工，他们在采矿时经常碰到一种带红颜色的矿石，就误以为是铜矿，然后按当时的炼钢工艺想从中提炼出铜来，可是，不管他们怎么提炼，就是见不到他们想象中的铜，这些撒克逊人绞尽了脑汁，也找不出自己失败的原因。有一天，有一个头脑比较"聪明"的撒克逊人终于"悟出"了一个道理，他认为这一定是他们得罪了这里的山神，山神不满意他们在这里开山凿石，弄得日夜不得安宁，因此山神肯定是在用可恶的石头垒成堑壕来保护自己，决心不让一丝一毫的铜从自己的手掌中逃脱，以示对撒克逊人的"报复"。这些"聪明的"撒克逊人在悟出这个"科学道理"之后，再也不想从这种红色矿石中得到铜了，并决定把这种矿石叫做"铜魔"，以断了人们再对这种矿石产生任何幻想的念头。

其实"铜魔"真是遭受了天大的冤枉，因为它根本就不是铜矿，而是镍矿，想从镍矿中炼出铜来，当然就像古代的炼金士想用"点金术"从动物的尿中提炼出金子来一样，是绝不可能的。

一直到1751年，瑞典化学家和矿物学家康士坦丁才给"铜魔"平反昭雪。这一年，康士坦丁也遇到了这种带红颜色的矿石，他经过研究后确信它不是铜矿，而是一种红砷镍矿，他确信这种矿石中有一种新的元素镍。为什么取名叫"镍"呢？这还真有点讽刺意味，在英文中，元素镍写做"Nickel"，而"Nick"在英文中有魔鬼和恶魔的意思。康士坦丁联想这种新元素长期以来就背着"铜魔"的恶名，索性就取名叫Nickel吧！

其实镍是一种非常讨人喜欢又很有用的银白色的、又略带隐约可见的褐色的金属，它有高度的可锻造性和延展性；它耐腐蚀，在空气中不被氧化，又耐强碱。因此，在现代工业中，尤其是在高温合金工业中，有着广泛的用途，是重要的战略金属材料。正因为镍很重要，有一段时间，国外长期对我国进行封锁禁运。我国的地质工作者奋发图强，在甘

肃金川和许多地方找到了丰富的镍铁矿，并从 20 世纪 60 年代开始大规模生产镍。现在，我国已成为世界主要产镍国家之一。

27　忍辱负重的"新银"

凡是了解金属史的人都知道，镍这种金属是 1751 年首先由瑞典化学家康士坦丁从红砷镍矿中发现的。但有些人很纳闷，中国在镍没有"发现"之前却能堂而皇之生产出镍的合金，并远销欧亚各国，这是怎么回事呢？

在英国伦敦博物馆中，至今还保存着一件引人注目的展品：这是古代地处中亚细亚地区的巴克特里安人用镍合金制成的钱币，是公元前235 年制造的。而制作钱币的镍合金则叫"帕克方"（Packfong），"帕克方"是什么意思呢？在英国的大型科技辞典里，对"帕克方"一词有非常明确的解释：Packfong 是铜镍锌合金的中国名称。

可见，中国人早在 2000 多年前就制造出镍铜锌的合金，比康士坦丁发现镍至少要早 1986 年。这一怪事曾引起科学家的热烈讨论。其实，现在看来并不难解释。原来，中国早就会冶炼铜，而铜矿和镍矿共存的现象是常见的，在我国云南和四川的考古发现就证明，我国早就有铜矿和镍矿共存的遗址。因此，尽管当时的冶金匠还不知道镍这种金属，当然也不具备把铜和镍分别提炼的技术，但是把铜镍矿和锌矿石一类的矿石一起进行冶炼，得到铜镍锌合金则是完全可能的。

中国的"帕克方"传入欧亚各国后，在初期主要是用来制作钱币。但后来却因"帕克方"的样子和银太相似了，因而又引起过一桩冤案，差点使"帕克方"的后代"新银"株连受苦。

原来，在19世纪初，中国古代传入欧洲的"帕克方"又称为"中国银"。当时，欧洲的银子比较紧缺，一些国家鼓励科学家寻找代替银制造成套餐具的新合金，有的国家还设立了鼓励奖，即谁研制出能代替银做餐具的新合金，谁就可以得到这笔奖金。于是在欧洲的冶金学家和化学家中掀起了一股研究新合金的热潮。同时，他们也想起了中国人古时候制作的"帕克方"。有几个科学家几乎同时在"帕克方"这种铜镍锌合金成分的基础上开始进行试验，因为"帕克方"这种合金的色泽及"气质"和银太相像了。于是，不久就出现了一种称为"似银"和"新银"的专制餐具的镍合金，也叫"镍银"。

镍合金在很短的时间内就风靡欧洲，对它的需要量也随之大增。

不过，到1916年的时候，"新银"这种新合金一下子就变得声名狼藉。原来，奥匈帝国的国王弗朗西斯·约瑟夫有一天突然病倒，不久就一命归天，而可巧他常使用的一套餐具就是用这种"新银"制造的。于是，在查来查去找不到国王生病的原因后，这套"新银"餐具就成了主要的"嫌疑犯"，从此，这种餐具被严令禁止使用。而实际上，"新银"是无辜的，经后来反复检查，它并没有什么毒性，国王之死也并不是突然猝死，而是老死，因为他去见上帝时毕竟已享年86岁。

现在，镍合金早已从皇宫贵族的餐桌上走向广阔的工业界，不同成分的镍合金可用来制造火箭发动机、航天器、工业燃气涡轮的耐热耐高温零件、耐蚀耐磨零件、精密电阻合金和形状记忆合金。

28 连体兄弟的分离

钴和镍这两种金属材料，真算得上是难兄难弟，而且很长一段时间

内，它们就像一对连体婴儿一样难舍难分。镍是有磁性的金属，钴也有磁性，它们哥俩和铁是80多种金属中仅有的三个有磁性的伙伴。

钴在"出生"之前的遭遇和镍也非常相似，镍矿曾经被误认为是铜矿却老炼不出铜来；而钴矿呢，也曾被误认为是银矿却老是炼不出银来。中世纪时萨克森地区（今德国境内）的矿工经常碰到一种外表很像银矿的矿石，但每次想从中提炼出银子的尝试总是失败，不仅如此，它还从中放出一种有毒气体，于是矿工们终于知道这是假银矿，就用这座矿山的山神的名字"古博尔德"（Cobold）作为这个含钴的矿石的名字。1735年，瑞典化学家布兰特从这种矿石中发现了钴这种新元素，钴的英文名字"Cobalt"就是从"古博尔德"这个山神的名字演化来的，这和镍的名字是从"Nick"这个恶魔的名字演化而来的一样，具有戏剧性。

钴和镍这两种元素虽然在1735年和1751年被先后发现，但化学家想把它们分开时，却一次次遭到失败。最终使它们分离的不是化学家，而是一个叫查尔斯·阿斯金的兽医，他在一次实验中意外地取得了成功。

原来，这位兽医是一位业余冶金学爱好者，他几乎把全部业余时间都花在了冶金学上。1834年，也就是发现钴和镍这对连体兄弟之后的几十年后，他开始对镍的提炼感兴趣，试图从矿石中提炼纯镍。但是，很不幸（其实还不如说他很幸运），他用来提炼镍的矿石中也含有钴，阿斯金不知道怎样才能进一步把钴分离出来，于是就去请教一个地方化工厂的工厂主本森。这个工厂主这时正好需要钴制作陶瓷用的颜料，但本森也不知道分离这两种金属的方法。经过一番研究之后，这两位"半吊子"专家决定使用漂白粉做分离剂，他们仔细计算好需要的漂白粉重量后，就分头开始干了起来。

本森有足够的漂白粉，他称量出所需要的漂白粉后，就把它加入到矿石中进行实验，但他没有成功。他得到的溶液中含有钴和镍两种金属氧化物的混合沉淀，还是分不开。

而阿斯金却发现自己保存的漂白粉只够计算所需量的一半．阿斯金心想，"真倒霉"，但他还是决心把实验继续干下去。真是歪打正着，阿斯金得到的溶液中，沉淀的颗粒都是银色物质，是钴的氧化物；而镍呢，因为漂白粉数量不够，几乎全部留在了溶液中。这对难解难分的"连体兄弟"终于分离开了。后来，阿斯金的方法不断得到了改进，并广泛应用于分离那些化学上性质很类似的金属。

钴和镍一样，自从它们分离后，开始各自大显神通。钴开始用于耐热钢和耐热合金中，这些钢和合金可以用来制造飞机发动机零件、导弹零件、高压蒸汽锅炉、汽轮机叶片。

29　钴颜料大放异彩

钴不仅是制造合金钢的重要金属，而且是各种高级颜料的重要原料。据 17 世纪保存下来的文件记载，沙俄为了购买昂贵的钴颜料曾花费了巨额资金，这种钴颜料叫"戈卢贝茨"，是"蓝色"的意思。克里姆林宫的大厅和安眠大教堂等许多宏伟大厦的墙壁上涂的蓝色颜料，就是这种"戈卢贝茨"。

中世纪时，威尼斯的玻璃工匠用钴颜料制造出各种精致的蓝色玻璃杯，不久就风靡世界各国。威尼斯的工匠们为了使自己的玻璃杯在市场保有无可争辩的竞争力，对玻璃杯的制造工艺和钴颜料的配方严守秘密。为了杜绝泄漏技术情报，威尼斯政府把所有的玻璃厂都搬迁到一个小岛上，不经允许，谁也不准参观这个地方。但是，有一个叫乔吉奥·贝莱赖诺的学徒因不愿意忍受岛上的枯燥生活，还是从岛上逃跑了，后来逃到德国，在那里他自己开了一个玻璃杯生产工厂，但他并没能逃脱

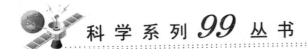
灾难。一天，有人放火把他的工厂烧个精光，还把他这个从岛上逃出来的工厂主"放了血"，差点丢了性命。可见，威尼斯人把钴颜料的秘密看得何等重要。

500多年前，中国大量生产的景泰蓝也是用蓝色的钴颜料烧制的。明代景泰年间生产的这种金属艺术品至今还享誉世界。据说现在还有不少国外的情报人员千方百计想得到景泰蓝的配方和烧制工艺。

钴的一些化合物，在不同状态和温度时，具有变化莫测的颜色。据

在画的背后一加热，皑皑白雪变成了绿荫满坡

记载，16世纪著名的化学家兼医生帕拉塞尔萨斯常爱表演他的拿手戏法，每次都博得看客的热烈掌声。他先把一幅上面画有覆盖着积雪的树木和小山的冬季风景的油画拿给观众看，待他们欣赏够了之后，他就在众目睽睽之下把油画中的冬天"变"成了夏天：树上的积雪一下不见了，变成了成簇的绿叶；白色积雪的山丘则变成了长满绿草的山坡。观众无不赞叹，可就是不知其中的奥秘。其实，这是帕拉塞尔萨斯利用氯化钴这种钴的化合物变的一个魔术。原来，在室温下，氯化钴可以制成一种白色的溶液（溶液中含有一定数量的镍和铁），帕拉塞尔萨斯就用这种溶液作画，在画干了后，只要稍微加热，氯化钴就会变成非常漂亮的绿色。帕拉塞尔萨斯表演时，先把氯化钴溶液涂在他的魔画上，然后趁观众欣赏画面而没有注意他的瞬间，麻利地将一支蜡烛悄悄地放在油画背后加热它，于是，氯化钴受热后就变成绿色，使人目瞪口呆的季节变化也就发生了。

30　空中野战炮吓坏了德国飞行员

虽然瑞典化学家塞弗斯托姆1830年发现了钒，但在相当长的时间里，没有人能提炼出纯钒，一直到1869年，英国化学家亨利·罗斯科经过反复研究后才首次获得成功，但这种所谓的纯钒还是含有4％以上的杂质。可惜即使少量的杂质，也是"一粒老鼠屎坏了一锅汤"，使钒变得又硬又脆，无法使用。钒在高温下很活泼，很容易和空气中的氮、氧、氢等元素化合，所以生产纯钒很困难。真正的纯钒是一种银灰色的金属，塑性很好，容易锻造。它有许多神奇的作用，在第一次世界大战中曾立下赫赫战功。

1914—1918年，帝国主义国家的两个大集团为重新瓜分世界，进行了残酷的第一次世界大战，以德国、奥地利和意大利为一方的同盟国和以英、法和俄国为一方的协约国展开了血肉横飞的殊死战争，动用了飞机、大炮、坦克等当时最先进的武器。法国人制造了一种称之为"飞行书柜"式的飞机，升力并不大。但是在一次空战中，一架法国的"飞行书柜"式飞机却装上了一种野战炮，代替了一般的航空机关枪，使火力大大增加，把德国飞行员吓得魂不附体。德国人很纳闷，这么小的飞机怎么能把那么重的野战炮带上天呢？后来才知道，这种野战炮是用一种新研究出的钒钢制造的，钒钢的强度很高，因此，在保证武器质量的前提下，野战炮的每个零件的尺寸可以做得较小，整个野战炮的重量就大大减轻。材料专家证明，在钢中只要加入百分之零点几的钒就能使钢的弹性、韧性、抗冲击的能力、强度和硬度、耐磨性都大大增加。当时，德国人还没有这种新材料，所以对空中的野战炮大为吃惊。

钒钢初试锋芒以后，立即受到军队的特别欢迎，于是一些武器专家想，钒钢既然能做攻击的"矛"——野战炮，为何不能做防御的"盾"呢？所以，后来又开始用钒钢来制作钢盔，这种钢盔不仅轻而且薄，戴在头上比以往沉重的普通钢盔舒服轻松多了。以后，在机枪射手的机关枪上也装上了钒钢装甲板，用来抵御专打机枪射手的子弹。以往，子弹很容易射穿含硅和镍的装甲钢板，但在钢中只加入了0.2%的钒，竟使99%的子弹射不透。

德国人对钒钢这种新材料很恼火，一是他们已知道钒钢的厉害，二是德国几乎没有自己的钒矿。为了防止钒钢的"扩散"对自己不利，德国人甚至想出了一着"妙计"，让德国的冶金学者和生产钢铁的厂商搞了一场贬低钒钢作用的宣传攻势。一方面，他们对外宣称：钒钢没有什么冶炼的价值；另一方面，他们又暗地里寻找能够像钒这样对钢的性能有神奇作用的替代元素。可是，后来发现，钒有时简直是一种无法用别的元素来替代的金属。于是，如何得到钒成了许多材料科学家研究的重要课题。

31　钶为何要改名为铌

现在的化学元素周期表中的第 41 号元素铌，以前的名字叫钶，提起这个元素的名字的更改，还有一段曲折的故事哩！

17 世纪中叶，在北美的哥伦比亚地区，地质学家发现了一种沉重的黑色矿石，其中含有金色脉纹的云母矿脉。后来，这种矿石标本被送到大英博物馆，保存在一个玻璃盒子里，称为"哥伦比特"矿标本。

1801 年，英国著名化学家查尔斯·哈切特在参观博物馆时，对这种漂亮的"哥伦比特"矿石产生了浓厚的兴趣，他和博物馆取得联系，要求对这种矿石做进一步研究分析，博物馆为他提供了分析样品。经过分析，哈切特发现这种矿石中含有很多铁、锰和氧，另外还含有一种过去从来没有见过的金属元素，但这种元素很难单独提炼出来。为了纪念发现这个元素的发现地，哈切特把这种新元素取名为"哥伦比姆"。"哥伦比姆"这个元素的中文译名就是"钶"。

但事情并没有到此为止。1844 年，德国化学家海因里希·罗斯又发现，称为"哥伦比特"矿的矿石中，不仅含有钶，而且还含有另一种金属钽。这两种元素的性质很相近，就像一对孪生兄弟，没有先进的分析方法很难区分它们。

由于钽是用希腊神话中的主神宙斯的儿子坦塔罗斯的名字命名的，所以罗斯认为，钶这种元素，也应用希腊神话中神的名字命名。坦塔罗斯的女儿叫尼俄柏，于是他将元素钶更名为铌。铌的英文名称就是由尼俄柏演变而来的。

但是，罗斯给钶取的新名字，英国、美国的科学家不同意，因为在

英美等不少国家，钶的名字已经被人们熟悉，更名改姓给他们造成不少麻烦，因此一直到20世纪40年代，英美等国一直在出版物中使用钶这个名字，不去理睬罗斯的女神"尼俄柏"，就是不叫"铌"。

但是，同一个东西叫两种名称给科学研究工作造成种种麻烦。因此，在1951年，国际理论化学和应用化学联合会决定将名称统一，在出版物中一律称铌。这一决定刚颁布时，英美的一些化学家就想抵制这个决定，他们认为将钶改称为铌的决定不公平，但他们的反对没有生效。联合会宣布这一决定为"终审裁决"，英美等国才不得不在正式文献中使用新的名称铌及其元素符号Nb。

铌具有优异的特性：熔点高，只有3000℃～4000℃的电弧熔化炉才能使它熔化；又耐腐蚀，就是王水也不能将它溶解。所以，铌合金是制造电子管、火箭、宇宙飞行器和热中子堆的结构材料，是国防、工业、科研中的重要战略元素。特别是铌锡合金超导材料能制造电力传输导线，可以大大降低电力的无功损耗。我国从1958年起开始研究铌的生产工艺，1963年开始进行铌的工业生产，现在已能生产各种牌号的铌合金和铌锡超导材料。

32 西班牙国王干的蠢事

现在，稍有常识的人都知道，金属铂是一种比黄金还要贵重得多的材料。所有铂金属都放在需要用几把钥匙才能打开的保险柜里。铂作为荣誉的象征，也超过金牌银牌。在苏联，只有获得过最高奖赏列宁勋章的人才能戴上用铂铸造的奖牌，勋章上刻印着苏维埃缔造者列宁的肖像，象征着列宁，也象征勋章获得者功绩的不朽！

　　但是，在 300 多年前，铂却受到很不公平的待遇，当时的一位西班牙国王就干了一件极为愚蠢的事：下令把国内所有的铂都倒进海里。

　　事情发生在十六七世纪，当时南美洲的印加地区是西班牙人残酷掠夺的对象，西班牙的殖民主义者在印加地区大量抢掠金银珠宝，然后用大帆船送回国内。许多满载金银财物的大帆船经常来往穿梭于西班牙和南美洲之间。一天，一支西班牙的特遣船队沿着哥伦比亚的普拉梯诺德勒平托河航行窥探，他们终于在河岸上发现了黄金矿，还发现了一种像白银但又不是银的很重的金属颗粒。这种金属熔点特别高，不容易熔化，船队的工匠们轻蔑地把这种金属叫"劣质银"，并把它们运回西班牙，以比银子便宜得多的价格出售。

　　西班牙的一些珠宝工匠把廉价买来的这种"劣质银"和黄金混合起来熔炼，然后按黄金的价格高价卖出，从中大捞了一笔。而且他们发现，把"劣质银"加入黄金中熔化时，比单独熔化"劣质银"容易得多，甚至比熔化纯金还容易。于是，这些以发财为目的的珠宝首饰工匠们，把"劣质银"和金子混在一起熔化，铸成首饰当纯金首饰出售。不

无知的西班牙国王竟将铂倒入大海

久，掺假的金币也制造出来了，并流入了金融市场。

西班牙国王知道出现了掺"劣质银"的假金币后，怒火中烧，当即发布命令，禁止把这种无用的"劣质银"再运到西班牙来，并且命令把已经从南美洲运回的所有库存的"劣质银"全部收集起来倒进大海，让那些掺杂使假的首饰工匠无法发"不义之财"。

过了许多年，西班牙人乌罗阿于 1735 年，英国的化学家武德于 1741 年先后发现了铂这种新元素，才知道以前西班牙国王命令倒进海里的那种"劣质银"，其实就是铂这种金属。

现在我们知道，铂是耐腐蚀的金属，因此铂广泛应用于现代科学技术中，航空航天、化工、电子工业等许多部门都缺少不了它。而几百年前的西班牙国王却有眼不识"泰山"，竟命令将铂倒进大海，打入"水牢"，真是干了一件大蠢事。

33　希腊神话和钽

金属钽是化学元素周期表中的第 73 号元素，它的英文名字"坦塔罗姆"是由希腊神话中的主神宙斯的儿子坦塔罗斯的名字演变出来的，为什么要用希腊神话中的人物给一种金属元素命名？这其中寓意了发现钽这种元素的科学家一段饱含酸甜苦辣的经历。

1802 年，瑞典化学家安德烈斯·埃克伯格发现了一种新元素的氧化物，当然，和所有发现新元素的人一样，他也想知道元素是什么样子和具有什么性质，于是，埃克伯格就想把新的元素从这种元素氧化物中分离出来，但是，不管他用什么办法，这种元素就是分离不出来。有时，他看起来似乎就要成功，但最后还是失败了，这使他非常沮丧。因为，虽然他发现了新的元素，但却得不到它。最后他不得不停止了自己的实验，想起自己在失败中所受到的身心折磨，他百感交集，决定给这个难产的新元素取名为"钽"。

原来，希腊神话中的坦塔罗斯也是一个饱受折磨的神。据古希腊神话说，坦塔罗斯一次邀请众神参加国宴，这位小亚细亚国王为取悦各路神明，竟把自己的亲生儿子佩洛普斯给杀了，并用儿子的肉做成菜肴给他们进餐。众位神明被坦塔罗斯残忍野蛮的行为激怒，他们决定联合起来制裁这位暴君，让他终身受折磨。

众神把坦塔罗斯扔在海洋中罚站，水深至他的下巴，头上则低垂着硕果累累的果树枝。但是，每当坦塔罗斯口渴想喝水时，水就退下去；而当他饥饿难耐想伸手摘头上的水果时，风又把树枝吹向高处，眼看够着的水果就是拿不到手，让他受尽肉体和精神的折磨。

埃克伯格联想到自己眼看着新发现的元素就是得不到它，岂不和坦

众神惩罚坦塔罗斯，让他站在水中喝不到水，头顶上有水果却够不着

塔罗斯的遭遇相似？于是，他就给这个新元素取名为"坦塔罗姆"。

埃克伯格这位化学家，至死也没有见到过他发现的新元素，"坦塔罗姆"一直深藏在氧化物中不肯露出真面目。过了 100 多年，经过无数科学家前赴后继的努力，也就是到 1903 年，才提炼出纯钽。

纯钽的真面目终于露出来了，原来它是一种略呈蓝色的浅灰色金属，它的熔点为 2980℃，在金属中，它的熔点仅次于钨和铼；它具有很高的强度和硬度，可是又能碾压轧制成很薄很薄的薄片和拉成比头发还细的细丝。钽的用处很多，比如可以用钽修补颅骨的裂缝，用来制造假耳；在工业上可以制造钽电容器和高温合金；在电子工业中用来制造超短波发射器、真空管；在化工生产中用来制造耐腐蚀的化工设备等。

34 "天王星"的本事

1945 年，美国在日本广岛和长崎分别投下两颗原子弹后，铀这种元素的威力几乎老少皆知，日本人更是"谈铀色变"，铀从此也愈来愈受到人们的重视。

但 1789 年德国化学家马丁·克拉普罗斯最早发现铀的时候，对铀这种元素将来到底有没有"出息"还一无所知。当时他看不出这种元素能派什么用场。不过，克拉普罗斯还是为自己发现了一种新元素而高兴。就像父亲要给新生儿子取个名字一样，马丁也想给它取一个有纪念意义的名字。正好，在他发现铀的前几年，英国天文学家威廉·赫歇尔发现了太阳系的第七颗行星，赫歇尔为了纪念希腊神话中的尤拉纳斯神，就把这颗星命名为天王星。而克拉普罗斯为了纪念威廉·赫歇尔发现的天王星，他决定把自己发现的新元素取名为铀。铀即是天王星的意思。因为，在拉丁语系中，希腊神话中的尤拉纳斯神、天王星和铀的拼写字母几乎是一样的。

克拉普罗斯虽然发现了铀，但他并没有提炼出纯铀，因此，他对自己的这位"儿子"的"性格"很不了解。一直到1841年，法国化学家尤金·佩利戈才提炼出纯铀，才知道铀是一种又重又软的金属，按它的"性格"，当时几乎看不出它能做任何"工作"，所以只有一些陶瓷生产工匠喜欢用铀的氧化物给陶瓷着色，因为用它能染成鲜艳的黄绿色和纯黑色。

1896年初，在巴黎的法国物理学家亨利·贝克勒耳，正在试验许多磷光物质，这些物质在受阳光照射后，在一段时间里会发光。有一天，他想用一种铀盐（含铀的化合物）也做一下这种磷光试验。他用一张黑纸把照相底板包起来，使太阳光透不进去，然后又把一块铀盐放在黑纸包着的照相底板上，在太阳光下晒，想知道经阳光照射后的铀盐是不是会产生磷光，使照相底片感光。谁知，这时天气突变，天上乌云密布，没有一点阳光。贝克勒耳只得停止试验，随手把底片放进抽屉并把那一小块铀盐压在底片上。几天后天气放晴，他又想继续试验，为了检查试验前包底片的黑纸是否漏光，他把放在抽屉中的底片抽出一张冲洗，令他惊奇的是，这块没有在太阳下晒过的铀盐竟在底板上留下了清晰的影像，这说明铀盐中即使不用阳光照射也有一种射线能穿透黑纸，使底片感光。后来，他又试验了好几种含有铀的其他物质，结果都一样。这一发现非同小可，它证明，凡是含铀的物质即使在未经太阳光照射的情况下，也能发出穿透黑纸的射线。由此，贝克勒耳断定，铀肯定是一种能发出射线的元素。

这种能发出射线穿透黑纸的本领叫做"放射性"，因此，铀是最早被发现的放射性元素。后来，法国著名的科学家居里夫人从沥青铀矿中又发现了钋和镭这两种元素也有放射性，居里夫人因此还获得诺贝尔物理学奖。

铀等金属元素放射性的发现，开辟了原子物理学的新纪元。此后不久，原子可以再分割、原子中存在电子、原子被中子轰击后会产生裂变放出巨大能量、铀能造出威力无穷的原子弹等知识，逐渐出现在中小学的课本中，说明这些新科技的发现和应用已十分普及。

咦，这底片未经阳光照射怎么就感光了

35 能"记忆"形状的材料

许多人认为，只有人和动物才有记忆能力，其实，有些无生命的材料也有记忆能力，只不过它们的记忆能力是有条件的。无生命的材料具有记忆能力是在一次偶然的事件中发现的，是一个很有趣的故事。

那是在1963年，当时美国海军兵器研究所的研究人员正在研究一种镍钛合金减震材料。在研究这种材料减震性能时，需要把一个螺旋形的镍钛合金弹簧加热到150℃后，把一个重锤悬挂在弹簧的一端，这样弹簧就完全被拉直了。后来，他们想再做一次试验，就把拉直的镍钛合金再加热一次，准备重新绕制成螺旋形弹簧。就在加热过程中，一个意想不到的奇迹发生了。当温度升高到95℃时，这根原来已拉直了的镍钛合金丝竟在众目睽睽之下自己又卷曲成弹簧。研究人员好生奇怪，开始还不太相信这种奇迹，于是进行反复试验，每次都把它弯成各种复杂的形状，再加热冷却，再拉直，拉直后再加热，而它每次都能显示出非凡的"记忆力"，能丝毫不差地恢复其原来的形状。有一次，他们特意把这种镍钛合金丝弯成英文"nitinol"这个字的形状，然后把它加热、冷却、再拉直，使"nitinol"又成了一根直线，但是，当他们把这根拉直的合金丝通电加热时，在达到95℃的一瞬间，它又一丝不差地恢复成"nitionl"这个英文字的形状。至此，研究人员确信，他们发现了一种有"记忆"能力的新合金，取名叫"形状记忆"合金。

现在，材料学家已发现了许多种材料都有形状记忆能力。这种材料的用处非常多。

不同牌号的形状记忆合金，具有不同的用途。比如，过去美国的

呀，温度升高了，它就恢复原来弹簧的形状了

F—14战斗机上的油管接头处经常漏油,后来他们采用形状记忆合金做油管接头代替漏油的接头,顺利地解决了难题。自1970年以后,这种飞机使用的油管接头多达几十万个,没有一个漏过油。道理很简单,他们在制作接头时,把接头的内径做得略小于油管的外径,在连接时,先在低温下用工具把形状记忆合金的内径扩大,再把接头套在两个油管上,然后用火将接头加热,接头立即"记忆"起原来的内径往内缩,紧紧地套在油管上,一点缝隙也不留,当然就不会漏油了。

36　氢气到哪儿去了?

1974年底,日本大阪守口市松下电器产业公司中央研究所发生了一件怪事。在实验室内一个用来做试验的高压氢气瓶里的氢气,还没有使用,就不知跑到什么地方去了。试验人员发现,这个前一天晚上还有10个大气压的氢气瓶,第二天早上的压力还剩下不到1个大气压力了。仔细检查气瓶,瓶子并没有任何漏气的现象,检查压力指示仪表,也没有问题;问了每个研究人员,谁也没有在晚上用过气瓶中的氢气。真是怪事,瓶子里的氢气跑到哪儿去了呢?

最后,他们分析,根据"物质不灭"定律,氢气只能是被这个氢气瓶自己"吃"了,吸到气瓶的壁里面去了。原来,这个氢气瓶是用一种钛锰合金制成的,生产氢气瓶的厂家不知道钛锰合金是一种吸收氢气能力很强的材料。真是"塞翁失马,焉知非福",这个偶然的事故使松下电器公司发现了一种能储存氢气的合金。研究人员还发现这种钛锰合金吸收的氢气在加热到一定温度时,又能把氢气释放出来,这一发现真是使人兴奋不已。

原来，科学家早就想利用氢气作为燃料，因为氢燃烧时和氧结合，它们的产物是水蒸气，一点也不污染空气，不像烧煤后会放出大量二氧化碳和二氧化硫一类造成空气污染的气体。但想用氢作为燃料，贮藏和运输都有困难，需要用笨重的高压贮气瓶，或者在 −253℃ 的超低温下使氢气变成液体，这两个条件都是很难满足的：用气瓶运输氢气常有爆炸的危险，把氢气在低温下压缩成液体，本身又要消耗大量能源，很不合算。现在无意中发现了这种能大量吸收氢气又能再把氢气"吐"出来的材料，当然是一件大喜事。

吸氢合金的发现引起了美、英、法、德、日本等许多材料科学家的注意。到 80 年代已陆续发现吸氢能力更强的合金，数量不少于上百种。

1984 年，日本川崎重工业株式会社用吸氢合金制造了世界上第一个最大的储氢装置，这个装置是用一种含镧铈混合稀土元素的镍钛合金制成的，能吸进去 175 标准立方米体积的氢气，吸氢量相当于 25 个 150 个大气压力的高压氢气瓶。但这个储氢装置的重量比 25 个高压氢气瓶的重量要轻 30%，体积只有 0.4 立方米，是高压氢气瓶的 1/7。

1985 年，日本政府工业协会倡议用吸氢材料吸收的氢气代替汽油，用做开动汽车发动机的燃料。在这种汽车上没有油箱，只在一个容器中放一块含镧铈混合稀土元素的镍钦合金。镍钦合金事先吸收了 80 立方米的氢气，只要打开容器中的阀门，氢气就可以使汽车发动机点火。这一年，他们在一辆四冲程的丰田汽车上用这种吸氢合金做实验，汽车以每小时 100 千米的速度在公路上行驶了 200 千米，开创了用氢气做汽车燃料的先例。

吸氢合金的用途远不止做汽车燃料，还可以作为空调器、电冰箱、电池等许多产品的动力源。在未来的航天事业上，它也有大展宏图的用武之地，因此吸氢材料也被叫做能源材料。

37 "千疮百孔"的多孔材料

一件东西如果是千疮百孔，人们一定以为是低劣产品。其实不然，有时人们还特意研究制造千疮百孔的材料。而且制造这种多孔材料的技术还挺保密，要想知道这种技术，还必须掏腰包花钱。

1993 年，美国的一家世界有名的实验室桑迪亚国家实验室，因为不会生产高质量的多孔材料，不得不从乌克兰第聂伯罗彼罗夫斯克冶金学院专门购买一种多孔金属的技术。乌克兰的这家冶金学院提出了一个条件，这种技术只许美国使用 5 年，过期还得加钱，至于加多少，到时再议。

这是一种什么"宝贝技术"呢？为什么号称为世界科学技术最先进的美国还要向乌克兰购买呢？原来这种多孔金属有一个重要用途，是制作太空火箭煤油燃料雾化器的材料，这种雾化器能使燃油在通过大量微孔时，由油滴变成油雾，使燃料达到最佳燃烧状态。

但美国生产的多孔金属质量不过关，是用粉末冶金方法生产的，其中的微孔是弯弯曲曲的；而乌克兰生产的多孔金属中的孔则可以定向，即可以让它们沿零件的长度方向排列。孔的径向或者像橘子状断面，或者像球形气泡。

乌克兰的科学家还有一手绝招儿，他们能通过控制各种工艺技术条件和金属从熔化到凝固的冷却时间，制造出各种孔径的优质多孔金属。多孔金属零件中的孔径，最小的直径仅 5 微米，也就是一个细菌那么大；最大的直径可以达到 10 毫米。孔在零件中占的体积可以小到只占零件体积的 5%；但也可以大到占零件体积的 75%。也就是说，这种多孔金属不只是千疮百孔，简直是千疮万孔了。

乌克兰的冶金学家是怎样生产这种多孔金属的呢？因为它属于机密，生产工艺的各种技术细节是绝不透露的，只能从一些蛛丝马迹中了解其大概情况。据报道，乌克兰生产的这种多孔金属是用铜和铁一类的金属制造的。他们先将金属在一台密封的炉子中熔化，然后在熔化的金属中充进高压氢气和其他气体，这样金属在冷却凝固过程中就会存在大量气孔。

但孔的大小和孔的排列方向的控制是生产多孔金属的关键。只有当气体的压力和成分控制在非常精确的范围内，才能获得符合要求的优质多孔材料。乌克兰的科学家说，由于他们经过大量的实验研究，已能成功地生产用于航空航天火箭燃料雾化器的多孔材料。用这种多孔材料制成的雾化器，可以大大节省燃油，因为它能显著提高燃料的雾化程度，使燃料达到最完全燃烧的效果。

其实，多孔材料在日常生活中随处可见，当你给头发喷发胶或往身上洒香水时，你手上的喷壶嘴就是用多孔材料制成的，只是它不一定是金属，而可能是多孔的塑料而已。近年来，在科技界的一个热门课题是研究多孔硅材料。硅是一种半导体材料，而当硅中存在大量只有几个纳米大小的微孔时，在激光照射下它会发出可见光。多孔硅为何能发光，目前还不清楚，但它的应用前景十分吸引人，尤其是制造光电子元件的前景非常令人神往。

38 太空中的新材料——泡沫金属

美国杜克大学工程系有一位叫富兰克林·科克斯的工程学教授，是

研究金属材料的行家。大多数人对金属的密度或比重的认识都比较肤浅，以为就是一种物理性能，也就表示谁轻谁重而已。密度大的就重，像铅。密度小的就轻，像铝。但科克斯对密度或比重的认识，却比别人要深。

他对比了各种金属的密度和它们的化学性质后，意外地发现，金属的密度或比重和其化学活性有密切的关系。即金属的密度越小，它的化学活性就越大。比如锂，是金属中密度最小的，每立方厘米才 0.534克，比水还轻，因此特别活泼，在室温下就能和空气中的氧、氮起猛烈反应，所以必须保存在凡士林或石蜡中。镁也是轻金属，比重只有0.74，镁粉用一根火柴就能点着。至于钠和钾，比镁还不安分，在空气中不点就能着火，因为钠的比重是 0.971，钾的比重是 0.86，平时必须保存在煤油中。而铂、金、铱、锇等贵金属的比重大（分别为 21.45、19.3、22.42、22.25），因此在空气中非常稳定。像铂，在硫酸、盐酸、硝酸中都能"游泳"。

科克斯经过多年研究，在 1963 年宣布发现了这个并不深奥但却被许多人视而不见的规律。由于这个规律的确算不上重要和深奥，在当时也没发现有什么特殊实用价值，人们也并不重视。但到了 90 年代，科克斯冒出了一个新思想。因为在航天领域中，为节省燃料和各种费用，总希望用质轻而结实的材料。像锂镁等金属比重虽轻，但在地面上使用有许多不足，尤其是做结构材料几乎不可能。因为它们太活泼，易氧化着火。但它们在太空中却大有用武之地，因为在太空中没有地球上引起锈蚀和化学反应的空气，那里几乎是真空。

于是，科克斯决定对这些轻金属进行"改造"。他知道，塑料如果进行泡沫化，可以使密度成倍成倍地降低，变成很轻但很有用的泡沫塑料。如果把这些金属也变成泡沫金属，它们的密度也会变得更小，小到可以在水中浮起来，但化学性质是否会变得稳定一些呢？

1991 年，科克斯利用"哥伦比亚"号航天飞机进行了一次在微重力条件（即失重状态）下制造泡沫金属的实验。他设计了一个石英瓶，把锂、镁、铝、钛等轻金属放在一个容器内，用太阳能将这些金属熔化成液体。然后在熔化的金属中充进氢气，使金属产生大量气泡。这个过程有点像用小管往肥皂水中吹气，会产生大量泡沫一样，金属冷凝后就形成到处是微孔的泡沫金属。

有人会问，这种泡沫金属能做结构材料吗？这一点用不着担心。实验证明，用泡沫金属做成的梁比同样重量的实心梁刚性高得多。因为泡沫使材料的体积大大扩张，获得了更大的横截面，因此用泡沫金属制造的飞行器，可以把总重量降低一半左右。

用泡沫金属建立空间站还有一个优点，即当空间站结束其使命时，可以让它们重返大气，它们将在大气层中迅速彻底燃烧化成气体，减少空间垃圾。

39　现代"阿凡提"种金属

阿凡提"种金子"的故事，几乎尽人皆知。听说阿凡提在地里种下金子后，几天工夫就能成倍成倍地增产黄金，把贪财如命的巴依老爷馋得直流口水。为了让阿凡提教他种金子的咒语，别说叫声"亲爱的阿凡提"，就是让他叫"亲爹"，巴依老爷也会在所不惜的。不过巴依老爷成箱成箱的金子，最后被亲爱的阿凡提全都"种"到了穷哥们的手里去了。这当然只是一个讽刺财迷的民间幽默故事。

但是金子是不是可以"种"出来呢？现在绝大多数人可能会众口一词地说：绝不可能！这个结论也许下得太早了一点，或许科学家有一天真的能找到种金子的方法哩！而且可能连种子都不要就能种出来。当然，目前还没有种黄金的报道，但种上植物就能"收获"锌呀、铅呀、

镉呀等金属材料却已经是事实了。

1995年，俄罗斯《消息报》就报道了一条利用种植草类提炼金属的新闻。在俄罗斯的奥尔登堡大学，有一位叫梅格列特的生物学家，他专爱研究植物，还研究过一种叫蓼的草类。蓼是一年生的草本植物，这种草的叶子又厚又大，开出的花呈淡绿色或淡红色，结出的果实呈卵形，叶子有辣味，可以做中药，有解毒、消肿止痛、止痒的功效。

在研究蓼的过程中，梅格列特发现蓼的叶子中含有大量的锌、铅和镉，这说明蓼这种植物有从土壤中吸收这些金属的"嗜好"。于是，梅格列特就在一些被这些金属污染的土地上种植蓼。结果从1公顷的土地中，蓼在一个季节里竟吸收了1.3千克镉、24千克铅、322千克锌。近几年，梅格列特领导的一个科研小组专在一个废金属堆上种植蓼，目的是研究如何用这种草类提取金属材料，可借此清除土壤中的金属污染。

梅格列特的试验引起了许多人的兴趣。德国许多公司向这个小组发出邀请信，请他们帮助清理被金属严重污染了的土壤。于是他们成立了一个公司（皮科普兰特公司）专门从事这项研究工作。据说德国国防部对此也很感兴趣，邀请他们在第二次世界大战期间留下的各种旧靶场、武器库、化学弹药库等地区种植各种喜欢吸收有毒重金属的植物。

在种植前，首先要对土壤进行化验，以确定种何种植物最合适，因为每一种植物都有它所喜爱吸收的金属，比如印度芥喜欢铬。俄罗斯一位科普作家巴佐霍夫在他的《乌拉尔的故事》一书中描写了山野中各种奇妙的花卉和一种碎石草，它们能指引人们寻找到黄金、铁和铜等金属。许多植物的根可深深扎入地下，把各种物质的溶液从地下吸上来。如果一种植物恰好生长在某种金属的附近，那么它的根、茎和叶中这种金属的含量就一定会比正常情况下的要高。总之，各种植物都有自己最爱吃的"美味佳肴"。比如，玉米和忍冬草就对黄金极有好感，苦艾喜欢锰，而松树比较爱吸收土壤中的铍。

这就是说，现在已经有可能只种某些草就能提取一些贵重的稀有金属。具体方法是把吸收了金属的草割下来放进炉子里去烧，在800℃的高温下，草化为灰烬后，金属就提炼出来了。

植物的这种特性还能充当地质学家的向导，如果在野外发现某种植物中的某种元素的含量较高，地质学家据此进行勘探，往往能成功地发现新矿床。例如，在哈萨克和图瓦，植物曾帮助地质学家找到过铜矿。

将吸收了金属的草烧成灰，就得到原来含在土壤中的金属

40　深海考察的发现

在广阔的海洋中，海底神秘莫测，特别是深海是个什么样子，更加吸引海洋学家的兴趣。长期以来，征服深海是海洋学家和工程师梦寐以求的愿望。可是，像太平洋这个世界上最大最深的海底，怎么才下得去、看得见呢？因为海水每加深 10 米，就会增加一个大气压的压力，

太平洋海底的平均深度达 3957 米，人如果到达这个深度，就要承受近400 个大气压力，别说是人，就是钢瓶也早压扁了。何况还有更深的地方，如位于马里亚纳海沟的海底深度达 11034 米，下到海底要承受1100 多个大气压的巨大压力。

不过，困难阻挡不住科学家的求知欲望。他们发现，如果把人事先装在一个耐高压的容器里，再放进深海，就可以不必承受那么大的压力，从容器上开的小窗口就可以观察海底的奥秘。日本有个海洋科学技术中心的科研机构，这几年成天都在琢磨如何进入深海，这个任务并不比登上月球轻松，因为海底的巨大压力是一个拦路虎。

1960 年，美国曾造了一艘载人的深海调查船，潜到了 10912 米的深度，但这艘调查船是钢铁制的，重达 90 吨，难以操纵，不得不废弃。深海调查船如何造得小而轻，就成了重大的课题。

从 80 年代开始，日本海洋科学技术中心决定另辟蹊径，寻找能潜入深海底，不怕海水的巨大压力而质地又轻的新材料去制作深海潜水器。于是，刚被发现不久的钛合金以它的许多优越性能被选上了。他们采用轻而坚硬又非常耐腐蚀的钛合金，制造成深海调查船的耐压容器，容器壁厚有 3 厘米，压制成圆球形状，里面恰好可容纳一名船员，容器前下方开有小窗口，从窗口射出的强烈探照灯光可以照亮海底。因为钛合金重量比钢轻得多（钛的密度是 4.5 克/厘米^3，钢铁密度为 7.85～8克/厘米^3），而强度却是高强度钢的两倍，所以这种深海考察船驾驶起来就灵便得多。

1987 年，新日本制铁公司和三井造船公司共同制造了一个钛合金容器，既轻又结实，经受了 1000 个大气压力的试验，一点也没有被压瘪。

于是，日本海洋科学技术中心陆续用这种钛合金容器制造出"深海－2000"号和"深海－6500"号海底考察船。

1989 年春夏之间，日本海洋科学技术中心利用"深海－2000"号考察船在冲绳近海发现了一股"黑水"，考察船取回"黑水"标本一化验，发现这种"黑水"中含有丰富的铜、铅、锌、银和铁等许多金属元素，还含有硫磺，原来，黑水是从海底一种多金属热液矿床冒出来的。有极大的经济价值。

为了向更深的海洋进军，1989年8月，日本的"深海－6500"号载人实验考察船，潜入了6500米的深海世界。是什么力量吸引日本向深海进军呢？原来，日本自知是一个岛国，陆上资源短缺，但以现在国际上的规定，按200海里的经济水域计算，日本的海区经济区可达450万平方千米，约为陆地面积的12倍，为了夺取海洋资源，日本拼命发展深海勘探，在这方面，坚韧而轻质的钛合金为日本帮了大忙。

钛合金制造的深海考察船潜入海底

41   海底探宝

1992 年 5 月下旬，我国的"海洋"4 号科学考察船载着由 45 名科学家和 43 名船员组成的考察队，远航太平洋海区，到 15 万平方千米的海区进行多金属结核的勘探工作。

在占地球表面积约 70％的海洋里，蕴藏着无穷无尽的宝藏。我国的这支考察队就是要设法从太平洋海底把分布在那里的铜、镍、钴、锰等大量有用的资源探个明白，准备在 21 世纪初（2005 年）能把这些宝藏开采出来。也许有人要问，你怎么知道海底里有这些东西呢？这事还得从 100 多年前的一次考察说起。

1872—1876 年，英国的一艘叫"挑战者"号的三桅帆船，在海上进行了长达 3 年多的考察，这次考察收获不小，队员们带回了一些黑不溜秋的像瘤子一样的东西，是从不同地区的海底捞上来的，开始谁也不知道是什么，于是就拿到化验室去分析，结果发现这种像瘤子一样的玩艺儿的主要成分是锰，于是有人就把这种黑玩艺叫"锰矿瘤"，因为它又像患结核病人的结核，所以后来都叫锰结核或金属结核。

后来，美国的海洋学家听到英国考察队的收获后，也派人在太平洋海底寻找这种矿物，一次，在夏威夷附近的海底发现了一块重达 57 千克的锰结核。更巧的一次是海洋学会的一条水下电缆发生故障，在修理电缆的过程中，他们发现了一个更大的锰结核，有 136 千克重。可惜的是，这些人嫌它太重，只给它描绘了一张图，就又把它丢进了海里，结果一个极好的锰结核标本没有能进入海洋博物馆。

不久，苏联的维特亚兹考察队在印度洋海底也发现了含铁和锰的铁锰结核。但是，在第二次世界大战以前，人们对深海里的这些东西并没有很大兴趣，一是陆地上的锰和铁并不感到缺乏，二是到海底捞这些东西也挺费事，觉得不合算。但到第二次世界大战之后，世界上生产的锰钢越来越多，锰这类金属（还有铜、镍、钴等）就愈来愈缺乏。于是，人们就想起了海底的这些宝贝。尤其是美国、法国、德国、苏联、日本、新西兰、印度等国对深海锰结核开展了大量的勘察工作，都想从海底把这些金属矿弄出来。要知道，有些锰结核中的锰含量高达 50%，铁含量达 27%。有些锰结核中的二氧化锰含量竟达 98%，甚至可以不进行什么处理就能直接用来生产一种蓄电池。

要问海底到底有多少金属结核？目前谁也说不准。但有好事的研究家喜欢作估算。有人估计，全世界各大洋底锰结核的总量可能有 3 万亿吨，光太平洋底锰结核就有 17000 亿吨，其中含锰有 4000 亿吨，镍 164 亿吨，铜 88 亿吨，钴 58 亿吨。

因此，我国"海洋"4 号科学考察船在太平洋 15 万平方千米海区考察，一定能找到海底的多金属结核。

锰是优质钢和铜、镍、铝、镁等合金的脱氧剂和合金添加剂，锰加入钢中可以起细化结晶组织的作用，大大提高钢的强度，所以锰广泛用做结构钢、钢轨、弹簧钢的添加元素。人们购买自行车时一般喜欢锰钢制成的自行车，原因就是它具有很高的强度，结实耐用。

42　悬空冶炼特殊材料

自 1975 年以来，英国、苏联、中国等有发射人造卫星能力的国家，经常从地面上将金属冶炼设备和装置带到卫星上，到太空去冶炼金属和

材料。这种实验一时让一些不知内情的人感到纳闷，在地球上冶炼材料不是很方便吗？为啥要费老大力气把一大堆设备和材料发射到太空去折腾呢？

比如，1975 年美国的"阿波罗"号飞船和苏联的"联盟宇宙"号飞船就合伙在太空中进行了 13 项材料试验，最有意思的是把比重只有 2.7，熔点只有 659℃的铝和比重为 19.1，熔点高达 3370℃的钨硬放在一起进行熔炼，看看能不能得到混合均匀的合金。原来，将这两种金属在地球上冶炼时，它们就是合不到一起，钨重，它老是沉在下面；铝轻，它老是浮在上面，像油和水一样分成两层。于是宇航员把它们一起带到太空去冶炼。嘿！果然灵！在太空，由于铝和钨都失去了地心吸引力，都在失重条件下飘浮，把它们放在一起熔化后，立即就均匀地混合在一起，达到了水乳交融的程度。因此，材料科学家得出了结论，有许多在地球上办不到的事情，在"太空中"却能办得到。

1985 年，联邦德国不惜用重金包租了美国 1985 年 10 月 30 日发射的"STS—61A"号航天飞机，由搭乘该机的两位德国物理学家在太空中做了 7 天半导体材料硅的悬浮熔炼和生产工艺试验。一些不知就里的外行人也纳闷，半导体材料不是在地球上早就生产得很好吗？干吗也要跑到太空中去折腾呢！其实，德国人不傻，原来，半导体材料纯度越高，性能就越好，但半导体材料在地球上熔炼一是要用坩埚，二是抽真空时很难达到极高的真空度。但一用坩埚，坩埚材料本身就会污染半导体，使它的纯度降低；而真空度不高，残留的空气分子也会降低半导体的纯度。

而到了宇宙空间，那里是绝对的真空，因为宇宙中的空气分子数量仅为地球上的 $1/10^{10}$，更没有其他有害气体，从根本上减少了空气分子和杂质的污染，而且在宇宙空间，半导体材料处于失重的飘浮状态，熔炼半导体时根本用不着坩埚，所以杜绝了坩埚对半导体的污染。这样，熔炼的半导体就能达到地球上所不能达到的高纯度，性能就会大大提高。在宇宙空间的冶炼是无坩埚的悬浮熔炼，是无污染的熔炼，这在地球上是根本办不到的。

我国对空间冶炼也非常重视。1987年8月，我国发射了一颗科学探测和技术试验卫星，在这颗卫星上，中国科学院、航空航天部等好几个单位进行了半导体砷化镓材料、钇钡铜氧化物超导材料等十几种材料的试验，有些试验在国际上也是头一次，并取得了重要的数据。卫星完成这些试验后在地面控制站的指挥下，顺利地返回地面。所以，空间冶炼技术大有可为！因为宇宙空间具有地球上所不可能具备的、失重的、真空的环境。

43　月球上的材料生产工厂

20世纪80年代初，香港大道文化公司出版的《科学幻想世界》发表了一篇"2020年第一届月球奥林匹克运动会"的文章，现在看来还属于科学幻想。文章中生动地描写说：人类已在月球上移民，并有了真正的"月球人"诞生，这些孩子从出生到长大还没到过地球，只是从电影中见过地球蓝色的海洋、绿色的森林原野和繁华的都市，他们决定举办第一届月球奥林匹克运动会，并邀请地球人参加。运动会开幕前三天，地球运动员尤利带着从雅典取来的火炬乘太空飞船奔向月球，开幕那天，尤利带着火炬来到运动场，火炬由玻璃罩住，里面有氧气供应燃烧。运动场也有巨大的玻璃罩，氧气由月球的氧气生产厂供应。

竞赛开始了，因为月球的引力只有地球的1/6，因此，跳高记录达到14米。一切田径项目的成绩都绝对打破地球上奥林匹克运动会记录。

这是幻想吗？现在看来，是幻想，但到21世纪，做到这一点并不是不可能。

1991年8月19日，美国波士顿环球报提出，美、日、苏联等国的科学家建议，在月球上建立一个有人居住的材料冶炼厂，直接利用月球上的矿石提炼巨型空间太阳能发电厂所需要的材料，如铝、硅、钛等，因为这比从地球上把这些材料运入太空要省力得多。这个建议得到了当时的美国总统布什的赞同，并宣布美国将在月球上建造一个永久性的基地，以使美国在太空建造巨型空间太阳能发电厂的计划能早日实现。

其实，早在1975年，美国的科学家就设计了一个叫L－5的太空城，有2000米长，可供1万人居住，而建造太空城用的材料就准备从月球永久基地的材料生产厂运来。

月球上不是没有空气，也就没有人和生物生存所必须的氧气吗？没关系，因为宇航员从月球上带回的矿石和土壤标本表明，它们都是氧化物，因此，月球上不是没有氧，而是没有气体状态的氧。所以，美国设计的月球基地，不仅要从月球表面的矿石中生产铝、硅、钛、钙等金属材料，还要同时从这些矿石中生产出人类不可缺少的氧，月球基地上还设有从氧化物中提取氧气的生产工厂。前面说到的"2020年月球奥林匹克运动会"上燃烧火炬所需的氧，以及在玻璃罩下参加运动的运动员们呼吸所需的氧，都是用管道从生产氧气的工厂运过来的。至于月球基地上的建筑材料更是就地取材，直接用月球土壤烧制。

为了把月球基地生产的各种材料运到地球轨道上的太空城巨型卫星太阳能发电厂，在月球基地上还建造有穿梭机发射场，穿梭机可以来回地向太空城运送发电厂所需要的材料。当然，月球基地还备有各种车辆，接送地球上来的客人。

美国未来的这个月球基地叫做海尔·阿姆斯特朗基地，这是用1969年7月20日发射的"阿波罗"11号宇宙飞船中的宇航员的名字命名的，因为在第一次送上月球的两名宇航员中，是海尔·阿姆斯特朗第一个踏上月球，并在月球的表面留下了清晰的脚印。

在月球上建立材料生产工厂，现在已经超越幻想阶段，正在向实际计划迈进，这个计划完全有可能成为现实。

月球上的材料生产也许就这样简单

44 拦劫星星的计划

1965 年，在美国的一些科学家提出了一个叫"开发小行星"的计划，准备从这些小行星上搞到地球上越来越需要的镍和铁等矿物材料。

科学家发现，在离地球较近的火星和木星之间，有数以万计的小行星，仅已确定了运行轨道的小行星就至少有 1900 多个。多数小行星的直径只有几千米或不到 1 千米，而其中有许多小行星简直就是一座镍矿或铁矿，镍和铁的含量非常丰富，这一点，从分析这些小行星的光谱就可以知道。

那么怎样才能把这些小行星从太空中摘下来运到地球上呢？美国的这些幻想家提出了一个周密的计划。别看这些计划现在看来似乎有点玄乎，不过请不要忘记，幻想往往是现实的前奏。在 20 世纪之前，谈起

所谓"千里眼"、"顺风耳",人们可能认为是在讲封神榜上的故事,现在不都成为现实了吗?现在何止千里眼,坐在家里就能看到美国发射航天飞机的现场,"万里眼"也不止了。在50年代,人类登上月球还被认为是一种"嫦娥奔月"的神话,但不到十几年功夫,美国的两名宇航员,就乘上"阿波罗"11号宇宙飞船,在1969年7月20日第一次踏上了"吴刚捧出桂花酒"的地方。

现在我们来看看那些想把小行星从天上摘下来的科学家是怎么设想的!

当那些主要组成成分是镍和铁的小行星沿着自己的轨道在太空中"飞"的时候,地面上的观测站就一直跟踪它们,在它们飞到离地球最近时,就命令天上的宇宙飞船去抓住它,把它拖到距地球更近的地方,或让它干脆绕地球运行;然后用氢弹把它炸碎,用事先运到太空中的自动太阳能炉将炸碎的矿石"就地"进行熔炼。对于较大的几千米直径的

抓一颗小行星来提炼金属

小行星，则可以把人送上去，直接在那里采矿并熔炼。

科学家还设想，在轨道上进行熔炼时，同时向熔炼好的镍或铁中灌进大量的气体，使它成为像海绵一样的里面有许多小气孔的金属块，这种金属块比水还轻，然后从地面控制站发出命令，使这些金属块落到地球上的海洋里，它们会漂浮在海面上，直到人们把它们打捞起来，运到沿海地区的冶金工厂，进一步熔炼成致密的铸锭。这些科学家计算，只要能从太空中"摘下"一个体积为1立方千米的小行星，从中熔炼出来的镍，按目前镍的消耗水平计算，完全可以满足全世界1000多年的需要量。

从当前世界科学技术水平的发展速度来看，这个计划的实现已经没有不可突破的技术上的困难，需要的也许只是时间和经费。也许，到21世纪的某个时刻，人类又会像初次登上月球一样让人大吃一惊，真的把天上的星星摘到地球上来，使它成为为地球人效劳的宝贵资源。

45   王权的象征——金刚石

天然金刚石是一种珍稀矿物，是宝石之王，因为它是世界上最硬的天然材料。用金刚石粉琢磨后的透明金刚石又能呈现出极艳丽的色彩，因而成为世界上最昂贵的宝石，历代统治者都把它作为一种权势和富有的象征。但令人惊讶的是，不管什么金刚石都是由碳原子组成的。碳可以说到处都有，但只要碳一成为金刚石，它就立即身价猛增亿万倍，连国王对它也会垂涎三尺。

现在，在英国有一根象征皇权的英王权杖，杖上就镶有一颗称为"非洲之星"的世界上最大的钻石；在国王的王冠上，则镶有一颗象征

至高无上皇位的世界第二大钻石。这两颗钻石就是用金刚石琢磨而成的。提起这两颗钻石为什么会落到英国国王手中，还真有一番令人深思的经历。

1905年1月25日，有一位叫威尔士的人从南非的普列米尔矿山经过时，偶然看到地上有一块闪闪发光的石头半露不露地嵌在沙石中，他好奇地用小刀挖了出来，竟是一个有拳头大小的透明的淡蓝色金刚石，他拿回去一称，竟有3016克拉重（克拉是衡量宝石重量的专用单位，1克拉＝200毫克），这么大的金刚石可以说价值连城，当地人几乎没有人能买得起。

1907年12月9日，是统治南非的英国殖民者英王爱德华三世的生日。南非德兰士瓦地方政府为了向英王进贡，不惜花费15万英镑收购了这颗世界上最大的金刚石，献给英国皇室。

拳头大的原始金刚石要成为漂亮的钻石，镶在国王的权杖和王冠上，可不是一件容易的事，它需要琢磨。于是，皇室成员在1908年初把这块金刚石交给了琢磨钻石最拿手的一家荷兰公司，由著名的钻石工匠阿斯查尔为英王效劳。为了尽量使这块硕大的金刚石原料加工成尽可能大和尽可能多的钻石，阿斯查尔颇动了一番脑筋。因为金刚石太硬，要劈开它，最硬的钢锯也奈何它不得，若用锤子砸，又可能把它砸成碎末。于是，他先用粘有金刚石粉的磨具在这块拳头大的金刚石上磨出一条浅沟来，然后用一根钢楔对准浅沟，在重锤的敲击下，金刚石终于裂成两半。

大约经过8个月的精心琢磨，这块取名为"库利南"的世界上最大的金刚石一共加工出9颗大钻石和96颗小钻石，其中一颗钻石的重量为530.2克拉，取名为"非洲之星"，它像一颗大水滴，后来镶嵌在英国国王的权杖上。还有一颗钻石重量为317.4克拉，是目前世界上第二大钻石，它就镶嵌在英国国王的王冠上，取名为"库利南第二"。据说，为加工这些钻石仅加工费就花了8万英镑。金刚石所以如此贵重，一是它在自然界很稀少；二是它经过琢磨后，在阳光下会闪耀色彩斑斓的光辉，十分迷人；三是它的硬度极高，几乎永不磨损，因而成了富有的象征。

1797 年，英国人坦南特经过研究，发现制造铅笔的石墨和金刚石一样，也是由纯碳组成的，它们的不同，是由于有不同的晶体结构。从那以后，科学家开始了用碳（石墨）制造人造金刚石的艰难历程，一直到 1955 年这一愿望才初步得到实现。但是，金刚石现在的主要用处却不再是用来做宝石，由于它是人们已发现的一种最坚硬的物质，已被用来作为制作切割、钻孔、研磨等工具的非常重要的工业材料。

钻石成为王权的象征

46   南非的钻石城——金伯利

　　世界上出产金刚石的国家不多，但凡是"能揽瓷器活"的地方，大概都有金刚石，因为金刚石可以做金刚钻。印度是金刚石产地之一。中国也有金刚石，1977年12月21日在我国山东省临沭县发现了一颗重158.78克拉的特大金刚石，取名为"常林钻石"，因为它是在当时的岌山公社常林大队的一块农田中发现的。湖南桃源、黔阳地区也有金刚石，用它做的金刚钻可以划玻璃，可以在瓷器上钻孔，补碗匠有了金刚钻，就敢揽瓷器活了。但是产金刚石最有名的地方是南非的金伯利，在这里有极丰富的金刚石矿。

　　金伯利本来是一个很不知名的地方，现在却闻名世界，说起来，这要归功于一个小女孩。

　　1866年，距南非（阿扎尼亚）开普敦约60千米的桔河，一个小女孩在河的南岸玩耍时，偶尔拾到一块晶明透亮的小石子，她带回家当作玩艺儿摆弄。一天，一位经常到她家串门的叫尼科克的人见到这颗小石子，也觉得很漂亮，赞不绝口，女孩的妈妈就把这颗小石子送给了尼科克。后来，有一个商人在尼科克的家里也见了这颗小石子。毕竟是跑买卖的商人，见多识广，他看出这是一块不寻常的石头，很可能是块金刚石。于是把它带到开普敦去请行家鉴定，果然是一块重达21.5克拉的金刚石。后来，这颗金刚石被英国总督用500英镑买了下来。尼科克和那位小姑娘的妈妈各得一半，"一夜之间"成了富翁。

　　从此金伯利开始受到世人的注意，成千上万的人纷纷涌向金伯利，到处挖掘金刚石。但这些人的运气不佳，金刚石似乎和这些人无缘，常常是高兴而来，扫兴而归。

也是"功夫不负有心人"。1871 年 7 月，有一个合伙挖掘金刚石的采掘队终于在一个老火山口中挖到了金刚石矿。为什么金刚石会在这个火山口集中，而别处却很少出现呢？后来的科学家分析，在几千万年前，地下的炽热岩浆沿火山口向上喷，在停止喷射后，火山口常常被冷却的岩浆堵死，当火山活动期再喷发时，上升的岩浆遇到堵死的火山口而形成高温高压条件，于是岩浆中所含的一些纯碳就在这里结晶成金刚石。这些分析为后来的科学家用高温高压将石墨（也是碳）制成金刚石提供了思路。现代的大部分人造金刚石就是将石墨一类的纯碳加热到 2000℃ 并加上 2 万个大气压的压力而制成的。

南非金伯利火山岩中的金刚石矿，后来吸引了许多矿业公司到此投资采矿。矿工们沿着火山口向下挖，越挖越深，最后挖成一个大漏斗形状的坑。现在，在南非的金伯利有一个人工湖，湖上边的直径大约 0.5 千米，越向下就越小，湖底距地面差不多有 450 米，湖水深 250 米，从地面向下看，真是如临深渊。其实，这个人工湖就是一个已采完金刚石后废弃的矿坑，湖水是由雨水聚集而成的。在这个矿坑中，曾开采出来大约 1500 万克拉的金刚石。

由于金伯利地区的金刚石吸引了各地的采矿公司，这个原本很不起眼的地方后来发展成为一个城镇。

47　用烟合成的钻石

金刚石有着极广泛的用途，玻璃商店用的玻璃刀，地质钻探用的钻头，工业上拉制细金属丝的拉丝模，车床上用的金属切削刀具，都用得

着金刚石，因为金刚石特别硬，能"攻克"任何坚硬的"堡垒"。

但是，天然金刚石的资源很稀少。大多埋在深度超过 120 千米的原生岩石中，开采十分困难。虽然在公元前 8 世纪就在印度发现了天然金刚石，但直到 1797 年，英国人 S·坦南特才揭开金刚石之谜，原来它虽然色彩绚丽，晶莹透亮，却也是由"黑乎乎"的纯碳变成的。碳这种元素，其实到处都有，凡是有机物里都有碳，那么能不能用碳来生产人造金刚石呢？这一大胆的设想，经过许多科学家几个世纪的努力，终于在 1955 年实现了，这一年，美国通用电气公司把石墨（石墨也是一种纯碳）加热到 2000℃ 的高温，再加上 2 万个大气压，柔软的石墨果真压成了坚硬无比的金刚石。

科学家的幻想是无止境的。日本东海大学的一位叫黄燕清的材料专家想，石墨虽然可以制成金刚石，但石墨毕竟也是一种重要的工业原料，用它制造金刚石还是有些可惜。能不能用二氧化碳中的碳制造金刚石呢？他设想，在日本，每年燃烧石油和煤排放出的二氧化碳就达 8 亿吨，其中含的碳就有 2 亿多吨。二氧化碳现在已判明是产生对全球环境有害的"温室效应"的祸根。如果能把二氧化碳中的碳提取出来制造金刚石，不仅使废物得到利用，还能减少"温室效应"对环境的危害。

这一科学思想驱使黄燕清寻找使烟尘中的二氧化碳转变成金刚石的技术，经过无数次试验，黄燕清终于在 1988 年找到了用烟做原料制造金刚石的方法。这种方法几乎不需要支付原料费，得到的则是颗粒直径均匀的金刚石。这种人造金刚石非常适合于研磨各种精密零件，也可以用做钻石模。

黄燕清发明的这项用"烟"做原料生产钻石的技术类似于制作汽水。他首先用水把烟囱中冒出的二氧化碳吸收，然后把二氧化碳和水蒸气混合，再把混合后的气体通过一个装有活性炭的炉子（炉子加热到 950℃），于是就得到一种含有氢、一氧化碳、二氧化碳和甲烷的混合气，再将这种混合气送进一个叫"微波等离子体化学气相沉积装置"的钻石合成装置。不到几小时，就可以在这个装置中看到许多灰颜色的钻石颗粒慢慢地生长出来，样子圆圆的，大小非常一致，甚至完全用不着进行筛选分级。因为钻石分级是一切制造人造金刚石的厂家绝对保密的一种高难技术，而黄燕清发明的用烟合成钻石的技术因用不着分级，把大量的人力和财力解放了出来。这种用烟制成的人造金刚石，它没有天然金刚石那般光彩夺目、晶莹透亮，但是它的硬度却是人们所需要的，因而可以作为工业上使用的材料。

48 "炸"出来的金刚石

1989年9月22日，《日本工业新闻》报道了一条用炸药和碳粉炸出金刚石的消息，引起了许多人的兴趣，认为这种方法很新鲜。

用爆炸法生产金刚石是日本工业技术院化学研究所发明的。日本每年需要工业用金刚石约15吨（合6500万克拉），但半数以上靠进口。现在的工业用金刚石的直径最小的是0.25微米，价格很贵，这对日本造成了不小的心理压力和经济负担。为了进行这次试验，科研人员进行了精心的准备。

他们认为，用炸药和碳粉炸出金刚石的设想，在理论上是能站住脚的。因为在炸药爆炸的瞬间，可以产生40万个大气压的超高压和5000℃的超高温。按以往用石墨在2000℃加2万个大气压就能"压"出金刚石的情况，爆炸时产生的超高压和超高温条件应该说完全可以"压"出金刚石。但是有一个问题必须解决，如果爆炸时碳粉完全燃烧掉，变成二氧化碳，那么，制造金刚石就成了"无米之炊"，因为金刚石是纯碳组成的。

为此，他们用了一个看似相当"土气"的办法。即把一个容量约

150升的钢气瓶拦腰截掉上半部，成为一个圆筒型的坚固的敞口容器。然后将炸药和碳粉混合并用石蜡固化，再装进这个敞口的钢制容器内。

试验的这一天，科研人员把这个装有炸药和碳粉的钢制敞口容器，沉入到一个直径8米、深约5米的混凝土制成的水槽内。或许你会感到纳闷，炸药放在水槽内是干吗呢？其实这是一个非常关键的步骤，这样在爆炸时，其中的碳粉就基本上处于缺氧的条件下（深水中当然也有少量的氧，但微不足道），不会使碳燃烧成二氧化碳或一氧化碳。水槽的强度一次最多可以承受10千克炸药的爆炸压力，但这次试验时只装了10克炸药，重量还不到一个大的"二踢脚"炮竹的火药重。

起爆是用电点火进行的。操作员一按电钮，只听水槽内轰的一声闷响，爆炸就算完成了。然后，将容器里的水取出来静置，让炸出的金刚石自然沉淀。用这种程序一连进行了好几次爆炸，都炸出了直径为0.002～0.003微米的超细金刚石粉，获得的金刚石重量在0.1～0.2克之间。为什么每次得到的金刚石粉的重量不一样呢？这和每次在炸药中加入的碳粉的重量不同有关。

总的试验结果证明，平均1千克炸药爆炸最多可得到约20克金刚石微粒。按粉末金刚石的卖价换算，20克金刚石价值是1万日元，而所用的军用高性能炸药，1千克才1000日元。也就是说，得到的金刚石粉末的价值是炸药费用的10倍，这真是一桩合算的买卖。科研人员预言，如果改进炸药的种类和碳粉的配比，用1千克炸药有可能炸出约50克金刚石粉末，这对资源短缺的日本来说，无疑是一件幸事。

金刚石粉虽不能做钻石戒指，但在工业上的用途很大，可以做研磨剂和切削工具的涂层等，因此用爆炸方法生产金刚石粉的技术受到许多国家的重视。

49 米斯特赖"无心插柳柳成荫"

由于金刚石有极高的硬度和耐磨性，又是一种半导体材料，因此许多部门都在打它的主意。但金刚石很贵，几克拉几克拉的使用在经济上常常令人吃不消。于是有人想，如果只在零件表面涂一层几微米厚的金刚石薄膜，就用不了多少金刚石。因此从20世纪70年代开始，就有许多科学家研究怎样制造金刚石薄膜的技术。经过不懈的努力，科学家终于在80年代初用化学气相沉积法在零件表面（如刀具、透镜、光盘等）涂上了金刚石薄膜。

但至今为止，制造金刚石薄膜的效率都很低。现在的化学气相沉积法在生产金刚石薄膜时，是在一个真空罩内充入碳氢化合物，再充入氢气，用密集的能量将真空室加热到1300℃，在此温度下，氢分子裂解成单原子氢，原子氢再溶解到炽热的碳氢化合物中置换出其中的碳原子，由于放在真空室中的零件表面比较冷，于是碳原子就逐渐沉积在零件表面上成为金刚石薄膜，用这种方法每小时只能得到1微米厚的金刚石膜。

因此人们一直在寻找快速而经济的制造金刚石薄膜的技术，但总是"踏破铁鞋无觅处"。有趣的是，一种新的又快又经济的生产金刚石薄膜的方法，却被一位冶金学家在一次偶然的机会中发现了。这对一个并未特意研究金刚石薄膜的人来说，真可说是"得来全不费工夫"。

事情是这样发生的：1996年初，美国一位冶金学家在研究用气相沉积法以氮气作介质在零件表面沉积一种耐磨的二硼化钛涂层。有一天他偶然用了一瓶二氧化碳气代替氮作介质沉积这种涂层时，却意外地得到了一层比二硼化钛硬得多的金刚石薄膜，这使他惊诧不已。他开始还怀疑这是否是真的，但经过晶体结构分析证明，这层薄膜的确是由碳组成的四面体金刚石结晶结构，并且在零件表面上粘得非常牢固。更意外的是，这种金刚石薄膜在零件表面上生长的速度比迄今为止的各种金刚石薄膜沉积法的速度要快几千倍，它每秒钟就可得到 1 微米厚的金刚石薄膜。而且是在正常压力下进行的，所需的加热温度也低于 100℃，并可以在任何形状的物体上沉积金刚石薄膜。

米斯特赖的发明理所当然地引起了汽车工业、医学界和军事部门的极大兴趣。比如，汽车用齿轮，如果用金刚石薄膜涂层，因为它又硬又滑，肯定使齿轮的耐磨寿命大增，而且可大大减少润滑剂的用量。过去涂覆金刚石薄膜的工艺成本太高，限制了它的推广应用。现在有了米斯特赖发明的又快又经济的方法，用金刚石薄膜涂覆零件的成本自然可大大降低。

医学界则准备用这种技术来涂覆外科手术刀，因为用金刚石刀刃来切口，对肌肉的损伤小且愈合特快。他们还准备用金刚石薄膜涂覆人工关节，以增加寿命。米斯特赖还和军事部门联系，讨论在直升机翼上用金刚石涂层的可能性。因为在海湾战争中，有些直升机在风沙的猛烈冲刷下，机翼严重损坏，坚硬而且光滑的金刚石薄膜则完全可以经得起风沙的吹打。

50　钻石的兄弟——布基球

在 1985 年之前，人们只知道纯碳有"两兄弟"。"老大"叫石墨，"老二"叫金刚石。别看这两兄弟性格完全不同，但都是纯碳组成的。

石墨做的铅笔软得用纸就能把它磨尖，但金刚石却硬得什么东西都能被它划一条缝，连玻璃和陶瓷这些硬东西也不在话下。这两兄弟性格如此不同，是因为它们之中的碳原子排列的方式不同。石墨中的碳原子排成像蜂巢的六角形网再一层一层叠起来。金刚石中的碳原子却排成立方体，而且每个立方体的正中央还有一个碳原子。

其实，纯碳至少有三个"兄弟"。1985 年 9 月，在美国得克萨斯州休斯敦大学，纯碳的第三个兄弟诞生了。"老三"的性格和石墨及金刚石又不同，它的原子排列很奇特，像一个用五角形和六角形拼成的足球形状。五角形和六角形每个角上都有一个碳原子，加起来一共是 60 个碳原子，所以"老三"叫 ^{60}C，也有人叫它"布基球"。布基球有许多怪脾气，比如，把这种用碳原子组成的布基球用每秒 6700 米的速度打在不锈钢板上，它能一点也不损坏地弹回来。在一定的条件下，它的耐压强度比金刚石还高。如果在圆笼状的布基球内放进一个钾原子，它在低温下（19.3K）能变成为没有电阻的超导体。布基球因为长得像足球，圆圆的像珠子，特别适合做润滑剂。所以，从 1985 年起，特别是 1990 年以后，布基球就受到全世界科学家的重视。碳的第三个兄弟为什么叫布基球这个绰号？里面还有一段故事。

1985 年 9 月，美国休斯敦大学的化学家理查德·斯莫利和他的伙伴一起用石墨做试验，看石墨加热时碳是怎样气化的。忽然，他们在质谱仪上发现了一个由 60 个碳原子组成的碳分子讯号，起先，他们以为仪器有问题，但反复几次，发现这个过去从没有见过的碳分子质谱讯号始终存在，它既不像石墨的讯号，也不像金刚石的讯号。因此他们肯定，他们发现了纯碳的另一位"兄弟"（或叫同素异形体）。于是，他们又想，一个碳分子中有 60 个碳原子，是怎样排列的呢？

斯莫利的伙伴克罗托想起了一位叫布克明斯特·富勒的建筑师，他曾在 1967 年蒙特利尔展览会上为美国纽约州设计过一座圆顶建筑物，是用六角形和五角形拼成的圆顶。他们设想，^{60}C 分子中的碳原子的排列可能就是这个形状。于是他们立即用纸、剪刀、糨糊、胶布一通忙

碳，剪出 20 个六角形和 12 个五角形的硬纸片，然后糊成一个球，他们屏住呼吸，开始数那些六角形和五角形糊在一起的顶点数目，一数正好是 60 个。他们高兴得跳了起来。

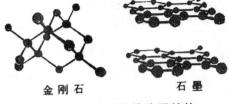

金刚石　　　　石墨

碳的金刚石和石墨的分子结构

由于这种 ^{60}C 分子的排列和英国的足球形状完全相同，所以在开始时，称它是"英式足球状碳分子"。但后来他们决定把它命名为"布基球"，是英文"bucky-ball"的音译，用来纪念那位叫富勒的圆顶建筑物的设计师。因为这位建筑师的英文名字的前面 4 个字母是 buck（布克），中间加一个 y 字，后面再加一个球（ball）字，就成为"布基球"（buckyball）。现在，全

^{60}C 分子的结构

世界至少有成百个实验室在研究这位纯碳的第三兄弟的各种性质。

51 ^{60}C 发光材料的奥秘

在深入研究"布基球"这种足球状分子的过程中，科学家发现，当 ^{60}C 分子和多孔材料结合时，还具有发光的性能。1993 年，英国曼彻斯特大学科学技术学院的化学家戴维·利领导的一个科研小组，在把布基球放在一种名叫 VP1－5 的多孔材料中，并用激光照射时，结果使含布基球的多孔材料发出了霓虹般的彩色。这种多孔材料和 ^{60}C 分子组成的复合材料，有可能用于制造发射各种频率的激光器和平面投影显示屏。

用激光照射多孔材料和 ^{60}C 就能发出彩色光，其中的奥秘目前还解释不清。但戴维·利真正感兴趣的不是用激光来使 ^{60}C 发光（这叫光致发光），而是用电来使 ^{60}C 和多孔材料发光，这叫电致发光。因为只有电致发光材料才有大的商业价值。现在，戴维·利决定设法改变 ^{60}C 分子的光学性能。要做到这一点，只有将 ^{60}C 分子限制在很小的尺度范围内，例如限制在薄膜内。

为什么这样就能改变光学性能呢？因为现在知道，半导体的光学性能和它的形状有极大关系。比如，块状的多孔硅可以制出发近红外线光的半导体器件，而片状的多孔硅可以制出发绿光的半导体器件，带状或线状的多孔硅能发蓝绿光，而所谓的量子点多孔硅则发蓝光。

因此，戴维·利就想，如果把 ^{60}C 分子密封在一种多孔的矿物沸石的一维孔道（或叫链条式孔道）内，^{60}C 分子就可能像多孔硅一样改变光学性能，也会发出不同色彩的光束。但沸石中的微孔的直径极小，还

不到 1 纳米（即 $1/10^9$ 米），而布基球的直径大约为 1 纳米。于是，他决定用另一种叫 VP1－5 的微孔材料代替沸石来捕获布基球分子，因为这种材料中的微孔的直径约为 1.25 纳米。

这样做的方法是：先将纯布基球溶解在一种叫苯的化合物中，然后在 50℃ 的温度下将微孔材料 VP1－5 放入其中，搅拌一整夜之后，溶解在苯中的 ^{60}C 分子就渗进到了 VP1－5 这种多孔材料的微孔中。最后再用苯洗涤已渗入 ^{60}C 分子的 VP1－5 材料，以保证在 VP1－5 的表面没有黏附 ^{60}C 分子。

经过这些处理之后，戴维·利开始做发光试验。每次试验都用 485 纳米的蓝色激光照射，结果发现，除纯粹的 VP1－5 多孔材料不发光外，凡渗入有 ^{60}C 分子的 VP1－5 多孔材料都能发光，而且可发出很强的光。即使用功率微弱的激光照射，在并不黑暗的房间里也能看到这种光亮。这种复合材料发出的光和单独的 ^{60}C 发出的较弱的光大不相同。含 ^{60}C 的 VP1－5 多孔复合材料的光谱几乎完全是可见光，因而这样的材料可以作为一种光源实际应用。为此，他们申请了专利，专利名称为：富勒氏分子，一种光源材料。

制造 ^{60}C 发光材料的研究仅仅是开始，要得到不同色彩的发光材料还有许多工作要做，尤其是制造出电致发光的彩色发光材料要走更长的路。但一旦研究有所突破，其意义是非常重大的。

52　贝壳和陶瓷发动机

英国帝国化学工业公司的威廉·克莱格博士和他的伙伴很早就想制造一台陶瓷发动机，因为陶瓷能够耐 1000℃ 以上的高温，不像用金属制造的发动机一样，不到900℃就会"瘫痪"，而且陶瓷发动机不需要配置冷却水箱。这样，发动机的总重量就可减少，并且可节省燃料20％～30％。可是陶瓷发动机也有一个弱点，它的质地很脆，遇到激烈颠簸和振动容易碎裂，所以陶瓷发动机无法在快速行驶的汽车上使用。由于陶瓷易碎的问题没有解决，威廉·克莱格一直闷闷不乐。

一日，威廉·克莱格想起了人们常见的贝壳，贝壳这东西很硬，却又很不容易摔破，这是什么道理呢？于是，他决定研究贝壳又硬又韧的原因。他收集了许多贝壳，把它们制成可以在显微镜下观察的样片。他发现，贝壳原来是由许多层状的碳酸钙组成的，但在每层碳酸钙中间夹着一层有机质，把层层碳酸钙粘在一起。然后，他试着用力在地上摔打贝壳，他发现，贝壳之所以不易碎裂，是因为在每层碳酸钙中出现的裂纹不会扩张到其他的碳酸钙层中去，裂纹被中间的那层软的有机质给阻挡住了。这和一个瓷碗一样，碗上即使有点裂纹，但裂纹如果不继续延长，碗也不至于成为两半或碎片。

威廉·克莱格研究完贝壳的结构后，心中一亮，决定模仿贝壳的结构来制造陶瓷。首先他选择了碳化硅做陶瓷，把碳化硅烧结成薄薄的陶瓷片，然后在每片碳化硅陶瓷上涂上石墨层，再把涂上石墨层的碳化硅陶瓷一层层叠起来加热挤压，使坚硬的碳化硅陶瓷粘在石墨层上，就像"千层饼"似的。

石墨和贝壳中的有机质一样，起黏结剂作用，而且粘得很牢固。在正常情况下能把所有的碳化硅层紧紧粘在一起，只是在遇到冲击力产生裂纹时才分开。但这种冲击力也只能使表面的几层脱掉，而在表面很薄的几层脱掉时就已把大部分冲击能量吸收掉了，避免了使整个零件碎裂。

威廉·克莱格博士进行了一系列实验，得出了可喜的结果，他发现想折断这种涂有石墨层的碳化硅陶瓷，所花的力比折断没有石墨结合的整块碳化硅陶瓷所花的力约大100倍。涂石墨的碳化硅陶瓷不仅成本低，而且熔点极高，韧性和木头的韧性很接近，因此不怕颠簸和振动。

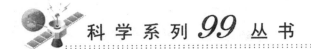

找到了摔不破的陶瓷材料，威廉·克莱格和他的同伙在 1990 年为英国帝国化学工业公司制造了一台能耐高温而不需要冷却系统的陶瓷汽车发动机，并在实验室进行了成功的试验。

现在，能制造陶瓷发动机的国家很少，目前只有美国、德国、日本、英国和中国。我国第一辆用陶瓷发动机做动力的大客车，于 1991 年 3 月在上海—北京之间的公路上行驶了 3500 千米，沿途不用加冷却水，因为它不需要冷却系统。1991 年 3 月 22 日，《光明日报》在第一版显著位置上报道了这个振奋人心的消息。

这种不易碎、耐高温的陶瓷，是又一种高质量的人造材料，它的应用前景未可限量。

模仿贝壳的结构来制造陶瓷发动机

53　不碎的玻璃材料

　　玻璃是大家最熟悉的，也是人们日常生活中不可缺少的材料。试想一下，如果你的房间没有玻璃窗户，那会多别扭，如果你乘坐的公共汽车没有玻璃窗，那会是什么滋味！

　　但玻璃有一个缺点，易碎，而且玻璃碎片像刀子一样锋利，一不小心就会把你划伤，让你流血。如果有一种不碎的玻璃该多好！

　　其实这种玻璃早就有了，而且发明这种玻璃的过程非常偶然。只是这种玻璃因制造成本较高，使用不是太普遍。

　　发明不碎玻璃是因一次小小的事故引起的。那是1903年，法国有一位叫别奈迪克的化学家在一次实验中，不留心把一只玻璃烧瓶从实验柜上碰落到地上，因为玻璃瓶内装有实验用的溶液，这使他很沮丧，心想这一下可糟糕了，配制的溶液等于前功尽弃。可令他纳闷的是：这只又薄又脆的玻璃烧瓶摔到地上后，竟没有溅出一个碎片，烧瓶内的溶液也没有漏出来。整个烧瓶原样未碎，只是在烧瓶壁上留下了蜘蛛网式的裂纹。

　　这事很令别奈迪克纳闷，搞不清其中的奥秘，他准备弄个究竟，可一时还放不下手中正在进行的实验，只好暂时作罢。但作为一位有心的科学家，他对这一现象作了记录，他在这只布满裂纹的烧瓶上贴了一张标签，上面写着事情的经过：这是从3米多高的地方摔下来的，捡起来后就是这个样子，时间是1903年11月。

　　像那只烧瓶摔不碎的现象是偶然的吗？别奈迪克一直问自己，但因其他事情分散了他的精力，这个问题也就老是没有找到答案。

　　几年后，别奈迪克突然在报纸上看到一则消息，说是有一辆汽车因发生事故，车窗上的玻璃碎成玻璃片，把司机和一些乘客划伤了。这马上使他联想起前几年自己出的那次小事故，"为什么我的那只烧瓶摔不碎呢？如果能在所有的汽车上都安装着不碎的玻璃，司机和乘客就能免遭受伤之苦了"。

　　别奈迪克决心解决这个难题，于是他找出那只留有文字记载的没有摔碎的玻璃烧瓶，仔细研究它摔不碎的奥秘。他发现，这只烧瓶的壁上有一层透明的薄膜，就试着想把薄膜撕下来，但薄膜牢牢地粘在烧瓶内壁，硬是弄不下来。这层薄膜是从什么地方来的呢？他百思不得其解，于是他回忆自己用这只烧瓶装过什么东西，啊，记起来了，这只烧瓶曾

汽车也能安上这样不碎的玻璃多好！

装过硝酸纤维溶液，有可能是溶液挥发后留下来的一层薄膜。于是，他立即开始配制硝酸纤维溶液进行试验，结果不出所料，瓶壁上留下的柔韧而透明的薄膜，果然是硝酸纤维素。

后来，别奈迪克试验在两块玻璃之间夹上一层透明的硝酸纤维薄膜，再把它们粘在一起，然后进行摔打试验，果然，玻璃只出现裂纹而不会四处溅出玻璃碎片。最早的安全玻璃就是这样发明的。

我国洛阳的一家大型现代化玻璃工厂就生产这种打碎后不会裂散的安全玻璃。

54　石头创造的世界奇迹

石头是最古老的建筑和工具材料，在历史上建立过不朽的功勋。在中国古代的许多神话传说中，就有人类的始祖女娲氏炼五色石补天的故事。在人类进化的历程中，曾经过漫长的石器时代。石头在人的劳动下所创造的许多闻名世界的历史奇迹，依然为现代人所敬佩和惊叹！

在现在的伊拉克首都巴格达东南，幼发拉底河下游，有一座建于公元前1800年至公元前600年的古城，叫巴比伦城，在公元前4世纪后逐渐衰落，至公元2世纪就已成为废墟。但是，这座古城现在仍然是世界著名的名胜古迹。

原来，在公元前604—前562年，巴比伦国王尼布甲撒二世娶了一位漂亮的外国公主，这位公主过去生长在山区，到达巴格达地区后，对这里夏日的炎热干燥、气温有时高达40多摄氏度的气候很不适应，对巴比伦没有青草树木和花卉的环境觉得枯燥乏味。国王为讨得这位爱妻的欢心，决定仿照公主家乡的青山绿水、花草树木、繁茂的风景和当时

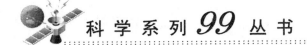

流行的宗教建筑建造一座大花园。当时，巴比伦城内已有 15 座庙宇、3 座皇宫，这座称为世界七大奇迹之一的花园位于南宫，面积达 5700 平方米，是一座空中花园，也叫"悬园"。工匠们利用此处的地形，运用立体造园方法，把花园建筑得像悬在天空中一样。花园由 4 层平台组成，平台都架设在巨大的石柱上，一层比一层高，最高的一层有 25 米高。平台和地面之间，铺满了华丽的大理石阶梯，每层平台都用大理石拼砌而成。据历史资料记载，在每层平台上都建造有花园，种花草的泥土都是人工运上来的。为了防止水从泥土层渗漏，在大理石上先铺一层芦草和沥青混合物，在上面再铺上两层砖，砖之间用石膏粘在一起，然后再铺上铅板和厚厚的泥土，这才种上花草和树木。支撑平台的大石柱中有些是空心的，里面装有向上提水的唧筒，水就从石柱中一层一层向上提，用来灌溉花木。人们进入这座花园，放眼四望，只见有五彩缤纷的花卉和郁郁葱葱的树木，却看不到周围的地面，因此有空中花园的美称。

非常可惜，这座用石柱支撑起来的、凝聚着古代伊拉克劳动人民心血

作为建筑材料的石头，曾为人类创造也许多奇迹！

和智慧的人造花园没有能保存下来，只能从历史文献和考古发掘来了解其当时的宏伟壮丽姿态，体会石头这一古老的建筑材料如何巧夺天工的神韵。

其实，石头并不仅仅创造了空中花园这个世界奇迹。公元前5世纪建成的古希腊奥林匹亚宙斯神庙的宙斯像，也是用大理石雕刻的，据记载，神像有13.5米高；古埃及亚历山大城有一个大理石灯塔，塔身高达180米，花了20年才于公元前270年建成；公元前560年在小亚细亚埃弗兹城建成的月亮女神庙，有157根石柱，柱高达23米；最有名的埃及金字塔也是石头建成的，埃及第四代国王胡夫法老的金字塔，塔高146米多。这些都是石头创造的世界奇迹。可惜，现在除建于4700多年前的埃及金字塔还屹立在地面上外，其他奇迹已荡然无存，有些毁于地震，有些毁于火灾，但它们都被载入了历史资料而永远被人怀念。

55　重建灯塔引出的新材料

18世纪时，航海业已相当发达，几乎所有大一点的港口都建有高大的灯塔，用来给过往的船只导航。例如在英国的普利茅斯港就建有一座很高的灯塔。但在1756年，这座灯塔因失火而被烧成废墟。为了航行的安全，英国政府命令建筑师史密顿重建一个灯塔。史密顿不敢怠慢，立即着手准备，首先收购石灰岩焙烧水泥。水泥是重建灯塔必不可少的建筑材料，从古罗马时代起就用来做黏结剂，把砖块或石块牢牢地粘在一起。当时的水泥是用石灰岩和火山灰混合烧制而成的，颜色发白。但当史密顿准备烧制水泥时，发现购到的石灰岩却是黑色的。史密顿面对这些黑色石灰岩大为懊丧，心想这种黑不溜秋的东西怎么能烧出优质的水泥来呢？他下令手下另购白色的石灰岩，但就是买不到。可工

期不等人，史密顿只好改变主意，将就着用这批黑色石灰岩烧制水泥。

让史密顿料想不到的是，用这种黑色石灰岩烧出的水泥，黏结性竟远比用白色的石灰岩烧制的水泥好得多。史密顿感到奇怪，于是对黑色的石灰岩进行成分分析，结果发现，黑色石灰岩中含有较多的黏土，而白色石灰岩中黏土的成分非常少。史密顿想，也许正是因为黑色石灰岩含有的黏土多，所以烧出的水泥才更好。于是他又在含黏土少的白石灰岩中特意加进黏土进行焙烧试验，结果真的烧制出了黏结力很强的水泥。史密顿大喜过望，最后决定用黑色石灰岩烧出的水泥重建普利茅斯港口的灯塔。后来，欧洲其他国家也时常需要高黏结力的水泥，但一时又弄不到含黏土的黑色石灰岩，他们就用史密顿在石灰岩中加黏土的方法如法炮制，果然解决了问题。后来，法国的土木建筑师毕加又进一步进行了在石灰岩中加入多少黏土为最好的试验，并在 1813 年得出了石灰岩和黏土按 3：1 的配方烧制的水泥性能最好的结论。

这种水泥其实就是现在仍在普遍使用的硅酸盐水泥的基本成分，当然，后来法国人还发明了含大量氧化铝的矾土水泥。但史密顿的硅酸盐水泥仍是当代建筑中重要的建筑材料。史密顿发现新水泥的故事很具有戏剧性，它说明世界上没有一成不变的事，不能以为过去好的就一定好，也许还有更好的东西在你面前，就看你有没有想象力。

56 花匠莫尼埃的灵感

水泥出现后，开始只作为建筑材料，但它良好的黏结性和晾干后变硬固化具有很高强度的特点，渐渐引起了其他行业的注意。比如，19世纪中期，法国巴黎的一个叫莫尼埃的花匠就对水泥发生兴趣。由于种花，他每天都要和花盆打交道。花盆都是一些普通的泥土和低级陶土烧制而成的，也就是常见的瓦盆。这些花盆不坚固，一碰就破，因此莫尼埃想用水泥加上沙子制造水泥花盆，按现在的说法就是混凝土花盆。混凝土花盆果然非常坚固，尤其是不怕压，但和瓦盆一样也有缺点，就是经不起拉伸和冲击。

莫尼埃决定改善这种花盆。他先用细钢筋编成花盆的形状，然后在钢筋里外两面都涂抹上水泥砂浆，干燥后，花盆果然既不怕拉伸也能经受冲击。莫尼埃非常高兴，他为此申请专利，并在1867年获得了专利权。从此，莫尼埃对这种钢筋加混凝土的材料情有独钟，不仅用它做花盆，还用它制作台阶、桥梁和枕木，并且都获得了专利。大概在同一时期，另一位法国人朗姆波则用钢筋编成小船模样，在钢筋里外两面都涂上混凝土，制成钢筋混凝土船。

1855年，法国人兰特波还用钢筋混凝土制造了一个小瓶，在巴黎博览会上展出。从此，莫尼埃发明的钢筋混凝土复合材料广泛受到了许多土木建筑工程师的青睐。1884年，德国一家建筑公司还购买了莫尼埃的专利，并对钢筋混凝土进行了一系列科学试验。比如，一位叫怀特的土木建筑工程师研究了它的耐火性能、强度，混凝土和钢筋之间的黏结力等等，并在此基础上研究出了制造钢筋混凝土的最佳方法。从此，钢筋混凝土这种复合材料成了土木工程建筑中的主角之一。

你一定见过盖楼房的水泥预制板吧？这些预制板中的钢筋都不是放在板上下两面的正中心，而是放在靠底下的部位。这样预制板的上层是混凝土，不怕压；即使在上面放很重的东西，也压不垮。预制板在受重物的压力时会弯曲，这时下面的混凝土会因受拉力而破裂，但预制板也不会垮，因为靠下面的钢筋会承受绝大部分拉力。但如果在盖楼房时，你不小心把预制板放反了，把有钢筋的一面朝上，这就非常危险了。因为钢筋一压就会弯曲，于是在预制板下面的混凝土就会承受非常大的拉力，可是混凝土的致命弱点就是怕拉，一拉就裂。这时，楼房可就岌岌可危了。

现在的水泥预制板是怀特等许多科学家多年来不断研究得到的成

果，它既省料又能保证足够的强度，但必须严格按施工规则办事。

现在钢筋混凝土可以说风靡全世界，但它却是从一个小小的花盆发端的，它开创了现代复合材料的先河。所谓复合材料，就是综合不同材料的优点，把它们合二而一。水泥很坚硬但很脆怕拉伸，而钢较软怕压但有韧性，把它们合在一起，就能成为既不怕拉也不怕压的理想建筑材料。现在复合材料已远远不止钢筋混凝土一种了，已经发展成上千种。

钢筋混凝土的发明是从花盆发端的

57　能曲能伸的混凝土

至今为止，不管是什么混凝土都是些宁折不弯的"硬汉"。这种品格对于人来说是可贵的，但对于用做建筑材料的混凝土就未必是好事。比如在发生大地震时，宁折不弯的后果就是房倒屋塌。而如果建筑高楼大厦的混凝土能像大风中的树木一样弯曲，就有可能躲过灾难。可是能不能制造出能曲能弯的混凝土呢？为了人类的安全，一些科学家决心寻找这种从未见过的新材料。于是就有了下面的故事。

1988年2月，在美国伊利诺伊州埃文斯顿西北大学的校园内，新挂起了一块"高级水泥材料科技中心"的牌子。这个中心是美国科学基金会出资建立的，每年拿出200万美元，专门研究能曲能伸的混凝土。由于经费不少，对这个问题感兴趣的研究人员从25人一下增加到100人。

可是这种能伸能曲的混凝土能不能搞出来，有人仍然大有疑问。不抗弯是混凝土的本性，比如，1米长的一根混凝土棒试样，在两端加上拉力使它拉伸，它的长度只要增加1毫米就会立即断裂。但参加这项研究的"发烧友"们则满怀信心。他们可不是等闲之辈。他们既不反驳也不声张，而是一头扎进实验室用显微镜观察分析混凝土为什么"宁折不弯"。在显微镜下，表面上看完好无疵的混凝土内部的"五脏六腑"都"原形毕露"。别看用肉眼观察混凝土时，好像严丝合缝，但在显微镜下，混凝土内部到处是比头发丝还细得多的小孔洞。真是千疮百孔，难怪一弯就断！

在这些研究人员中，一位叫沙阿的土木工程学教授提出了一个治疗小孔洞的"药方"，即在水泥中加入10％～15％的聚丙烯长纤维以及铁粉、玻璃粉，然后充分搅拌，最后挤压成混凝土。另一位美国丹马克理工大学的研究员也提出了一个治疗混凝土怕拉怕弯的"药方"，先用水泥抹在纤维上，再将这些纤维和混凝土从一个漏斗形的装置中挤过去，尽量消除其中的小孔洞，然后放在真空室内抽出残余气体，并再次加压进一步消除其中的气泡。

这两位科学家制出的混凝土样品经过试验，果然都能伸能曲。当然，这种伸曲不像铁丝那样明显，但和普通混凝土比，完全称得上能曲能伸。比如，沙阿教授制造的样品抗弯性能提高 100 倍，强度提高 4 倍，抗拉性能也大大增加，100 厘米长的样品拉到 101 厘米也没有断裂，这在普通混凝土中是不可想象的。抗弯强度也大大提高，用这种新方法制成的混凝土板，只需 1.27 厘米厚就能相当于 15 厘米厚的普通混凝土板的强度。这是什么道理呢？其中的关键是加入的那些纤维起了作用，它们在混凝土中可以防止裂缝的扩大，还可以把已出现的裂缝牵拉弥合在一起，即把裂缝"拴住"，不让它们由小变大。在制造过程中消除内部气体的各种技术也能锦上添花，使混凝土的抗拉抗弯性能"更上一层楼"。

现在能曲能伸的混凝土已经问世，用它做楼房的预制板可大大减轻重量，可以抗大地震，它的大量应用已为期不远。可见，世上无难事，只要肯攀登。

58　卡塔特的成功与失败

易卜拉欣·阿尔·卡塔特原是约旦科技大学的助教，1984 年，他来到英国曼彻斯特大学科技学院任机械工程系客座研究员。后来，这位曾在美国加利福尼亚斯坦福大学获得过博士学位的约旦人，在英国威尔士的霍利韦尔买了一座庄园式的住宅，里面有花园，是一个适合搞发明创造的环境。

卡塔特是一位肯动脑和善于观察事物的机械工程师，他发现，一些直径只有 50～200 毫米的细木材，在商品木材中的比例竟占到 90%，这些细木材的大部分只能制成纸浆或毁掉。他认为这太可惜，因为据他试验，由于保留了树木的自然结构，这些细木材的强度比那些用大树锯开的木材的强度要高，完全可以作为结实的建筑材料。

于是卡塔特决定在自己的花园里利用细木材架起一座 20 米长的桥。一是想证明细木材是一种比人们预想的用途更有价值的材料，二是想显示他在发明创造中所体现出的才干。他先将细木锯成长短不一的圆木杆，然后把圆木用管状的短套筒连接在一起，再用穿过套筒的钢丝拉紧

用细木条制成屋顶支架，又结实又合算

固定。不久，一座 20 米长的木结构桥架就在花园中竖立了起来。

然后，他又用计算机辅助设计方法设计了其他建筑结构，其中有一种是用于砖砌房屋上作为屋顶支架的木结构。他计算，由于细木很便宜，如果在砖砌的房屋上都用这种屋顶木结构支架，至少可以节省几百万英镑的建筑费用。

他的这一结构在花园展出后，吸引了许多人来参观，并受到参观者的普遍称赞。1991 年 8 月，卡塔特的这一发明受到威尔士政府的嘉奖，并获得了英国和国际专利组织的专利权，应该说，卡塔特的发明取得了成功。但出人意料的是，卡塔特的发明却受到当地地方议会的指责。

原来，地方议会认为，卡塔特在自己的花园建造木结构桥架属于违章建筑，只准他展示到 1993 年 3 月就必须拆除。因此，卡塔特在商业市场上受到了很大挫折，即使他专门成立了一个公司来推销他的发明，也收效甚微，就连生产连接细木的那种短圆套筒的厂家也没有了积极性。这使卡塔特十分懊丧，他说："如果当时用这种方法不是架一座木桥支架，而是搭一座暖房就好了，那样，就有人会相信我的发明是行之有效的。"

卡塔特的发明的不幸遭遇以及他的成功与挫折，说明了一个问题：即在学术上的成功经验不一定保证一项发明在商业上的成功。要使自己的发明在商业上打开市场，必须考虑一些社会的甚至政治方面的因素。

59　"树的眼泪"成了宝贝

现在的人谁没见过橡胶？谁又能离开橡胶？自行车轮胎内外是橡胶做的，汽车的大轮胎也是橡胶做的。经常骑自行车或坐汽车的人都知道没有橡胶轱辘是什么滋味。但橡胶最早是从哪儿来的呢？它是从树上"流"下来的。它能从野生植物变成今天这样一种不可缺少的材料，还真充满了神奇和坎坷的经历。它现在能受到人们如此的青睐，首先要归功于印第安人和哥伦布，当然还有一大批对橡胶着了迷的人。

那是 1495 年，哥伦布第二次航海到达美洲，在西印度群岛上看到当地印第安人在玩一种又黑又硬的球，就问这种黑不溜秋的圆球是用什么东西做的。印第安人说，是从一种野生的树上"搞来的"。怎么搞呢？先在树上割出一道口子，于是就会看到从伤口里流出白色的浆液，把浆液收集起来，放在空气中一段时间后，它会渐渐变成固体且逐渐变硬，在没有完全变硬之前把它搓成球，最后就可当球玩了。其实，这种野生树就是天然橡胶树。哥伦布回国后，曾向人们说起过在美洲时发现的这些故事，但那时对此感兴趣的人不多。

可见那时的人对天然橡胶还有些"有眼不识金镶玉"。1753 年，法国一位叫康达曼的科学家到南美洲进行生物考察，在亚马逊地区看到当地土著人从橡胶树上割个口子，就能从口子里流出好多白色的乳液，觉得很奇怪。他问当地人这是什么，回答说是"卡乌邱"，意思是"从树上流出来的眼泪"。

从树上收集这些"眼泪"干啥呢？听说当时有些土著人官员在这些乳液完全变硬之前把它们制成各种工艺品似的小"玩艺儿"，送给葡萄牙国王；还有些人则用变硬了的橡胶擦掉写在纸上的铅笔字。人们把它称为"rub—ber"。rubber 的英文意思就是"橡皮"，也有"擦东西的物品"的含意。

但那时的橡胶和现在人们看到的不一样，它很硬也没有多少弹性；而且受热时变黏，遇冷时变硬，派不了别的用场。一直到 1839 年，橡胶才开始大放光彩。有一个叫古德伊尔的人"慧眼识英才"，他认为橡胶将来一定是一种大有前途的材料，并决心把又硬又黑的橡胶变成既不怕热也不怕冷的有弹性的材料。但说时容易做时难，他试验过多次都失败了。他的兄弟也劝他不要再干了，因为他曾因搞发明背了一屁股债还

不清而进过监狱。但古德伊尔痴心不改，坚持试验。

　　一天。古德伊尔在火炉前突然闻到一股怪味，仔细一查看，原来是火炉上的橡胶里混入的硫磺散发出来的。这时他发现了一个怪现象，炉子上的橡胶虽已受热，却不再发黏。他立即想到这可能是硫磺起的作用。于是他就在天然橡胶中加入硫磺进行试验，结果真的得到了受热不变黏遇冷不变脆，而且具有弹性的橡胶。后来他进一步研究试验，终于在 1839 年发明了生产有弹性橡胶的硫化法，使橡胶的用途迅速扩大。20 世纪时，橡胶被大量用来做轮胎，橡胶树从此成了宝贝，凡是适合种植橡胶树的地区和国家，都大力培植橡胶园，橡胶树成了滚滚财源。

印第安人用"树的眼泪"踢球玩

60　战争的产物——合成橡胶

现在的橡胶，大部分已不再是从橡胶树中流出来的胶液制成的，而是用石油或天然气做原料人工制造出来的，因为天然橡胶已远远不能满足人们的需要。现在全世界生产的橡胶中，天然橡胶只占1/3，人工合成橡胶占2/3。

人造橡胶发展这么快，是由于战争的原因。第一次世界大战期间，汽车轮胎、火炮轮胎、飞机轮胎、坦克轮胎等都离不开橡胶。协约国为了打败同盟国，对德国进行封锁，切断了海上运输线，德国人得不到天然橡胶，急得像热锅上的蚂蚁。因为打坏的轮胎使飞机无法起飞，火炮拉不动，汽车跑不了。德国人为了摆脱困境，决心制造人造橡胶。但这并不那么容易，因为从树上流出来的这种特殊东西不是想造就能造出来的。

但德国有一批很有才华的科学家，也非常会利用前人的科研成果。他们经过不断探索，硬是用煤做原料把橡胶造出来了。虽然性能比天然橡胶差得多，但也能应急对付一阵。这些德国科学家是怎样造出人工橡胶的呢？原来早在这之前约一个世纪，即1826年，英国著名科学家法拉第不仅对电磁有兴趣，对橡胶这东西也发生了兴趣，并弄清了天然橡胶中有由5个碳原子和8个氢原子组成的原子团，它的化学名称是异戊二烯，分子式是 C_5H_8；而且弄清了橡胶分子并不是仅由一个这样的原子团组成的，其分子结构比这要复杂得多。

这样，德国人就知道天然橡胶的基本成分了。他们又查到，1860年时有一位叫威廉斯的科学家曾经从天然橡胶的热裂解产物中分离出异

戊二烯，它在空气中会氧化成白色的有弹性的东西。他们还查到，1879年时，法国化学家布查德也研究过天然橡胶分子，并搞清了它是由成百上千个 C_5H_8 原子团聚合成的，也就是这种原子团一个接一个地串成"链条状"的大分子。布查德还提出过，可能正是这些长链分子相互连接在一起，才使橡胶有了弹性。因此他曾想如果把这些原子团连成一长串变成长链大分子，就可能制造出有弹性的人造橡胶来。但布查德还没有来得及合成人工橡胶就去世了。1884年，英国科学家契尔顿在布查德设想的基础上进一步试验，用从树脂中提取出的异戊二烯成功地合成长链分子，生产出了和天然橡胶一样的人工橡胶。

1909年，德国化学家霍夫曼想按契尔顿的方法成批生产人工橡胶，但结果不理想。不久即爆发了第一次世界大战，战争中要消耗大量橡胶，国外又进行封锁，德国人走投无路，于是组织一大批科学家再次研究人造橡胶，并最终用煤做原料，成功地研究出人造橡胶的生产方法。在第一次世界大战结束前，一共生产了2350吨人造橡胶供战争急需。当然，这些人造橡胶不可能挽救德国失败的命运，但从此却开创了制造人工橡胶的先河。

61 塑料的祖宗——赛璐珞

现在提起塑料，谁人不知？但要说赛璐珞是什么？可能有人就不免语塞。其实，赛璐珞是塑料的老祖宗，赛璐珞是英文"celluloid"的译音，它有两个意思，一是假象牙；二是叫电影胶片。你也许会奇怪，赛璐珞和这两种东西有什么关系？但一查历史还真有点关系。爱好体育的人都知道台球，过去的台球大多是有钱阶层的娱乐活动，到19世纪，在美国已非常盛行。那时的台球是用象牙做的，显得很高雅。但当时非洲的大象不断减少，美国差不多完全得不到象牙来制作台球，这可愁坏了台球制造厂的老板。于是宣布：谁能发明一种代替象牙做台球的材料，谁就能得到 1 万美元的奖金。这在当时可不是一笔小数目。

有句话叫"重赏之下，必有勇夫"，虽不完全符合事实，但的确有点儿刺激性。1868 年，在美国的阿尔邦尼地方有一位叫约翰·海阿特的人，他本是一位印刷工人，但对台球也很感兴趣，于是他决定发明出一种代替象牙制作台球的材料。他夜以继日地冥思苦想。开始他在木屑里加上天然树脂虫胶，使木屑结成块并搓成球，样子倒像象牙台球，但一碰就碎。以后又不知试了多少东西，但都没有找到一种又硬又不易碎的材料。

功夫不负有心人，一天，他发现做火药的原料硝化纤维在酒精中溶解后，再将其涂在物体上，干燥后能形成透明而结实的膜。他就想把这种膜凝结起来做成球，但在试验时一次又一次地失败了。要说海阿特真是个不屈不挠的人，他并不灰心，仍然一如既往地进行探索，终于在 1869 年发现，当在硝化纤维中加进樟脑时，硝化纤维竟变成了一种柔韧性相当好的又硬又不脆的材料。在热压下可成为各种形状的制品，当真可以用来做台球。他将它命名为"赛璐珞"。

据说海阿特并没有得到 1 万美元的奖金。但对他来说这是小事一桩，因为这时他已成了一个大发明家，他准备用自己的发明获得更多的效益。1872 年，他在美国纽瓦克建立了一个生产赛璐珞的工厂，除用来生产台球外，还用来做马车和汽车的风挡及电影胶片，从此开创了塑料工业的先河。1877 年，英国也开始用赛璐珞生产假象牙和台球等塑料制品。后来海阿特又用赛璐珞制造箱子、钮扣、直尺、乒乓球和眼镜架。

从此，各种不同类型的塑料层出不穷，现在已经工业化的塑料就有300 多种，常用的有 60 多种，至于用这些塑料生产出的形形色色的产品，那就数都数不清，遍及国民经济的所有部门，现在谁家没有塑料

制品？

　　一个小小的台球，由于缺乏原材料，竟然能引出一种遍及世界的新材料，这其中有许多值得人们思索的哲理。有志于发明创造的同学们一定可以从中得到启发。

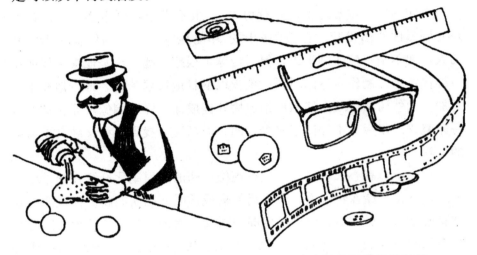

用赛璐珞不但能生产出台球，而且成为一种遍及世界的塑料材料

62　塑料风筝展宏图

　　许多人都放过风筝，但大多数人放风筝是为了娱乐，好玩儿。其实，风筝还能派上大用场，可以进行对人类生活有密切关系的气象研究。小小的风筝能搞气象研究，是不是言过其实呢？不！这已经是事实了。风筝能承担如此重任，这和塑料有密切的关系。1994 年 10 月，美国科罗拉多大学的科学家本·鲍尔斯科和约翰·伯克斯扎了一只硕大的

风筝，面积有 15 平方米。这两位科学家天性喜欢娱乐，但这次扎的风筝却不是为了取乐儿，而是有重要的科研任务。他们要试验用塑料扎的风筝是不是能可靠地携带探测仪器和经受高空的风力，能否在有雨水的云层中顺利工作和在大气层中采集气样。

为什么他们想起用塑料风筝来搞气象研究呢？原来现在研究高空气象的工具一般都是用飞机或探空气球携带探空仪器，但用这些手段都相当费钱。制作一个气球花钱多不说，还只能使用一次，上天后就一去不复返，最后只能用降落伞把仪器放下来。用飞机则费用更多，而且在复杂的气象条件下飞行，还有相当大的危险性，如果用风筝就灵便多了。

但对这种风筝的要求特别高，即风筝必须牢靠结实，本身的重量还不能太大，这些要求现在只有塑料可以做到。例如，现在的聚酯薄膜有很高的强度，不易破损，气密性良好，不怕水，也不吸水，还能耐化学腐蚀。放风筝的线也找到了很牢固的材料，它就是"开夫拉"线。一根"开夫拉"线可吊起 430 千克的重物，6 千米长的线才 18 千克。这就是为什么现在的一些防弹衣也是用"开夫拉"编织的了。

这一天，风和日丽，两位科学家将风筝带上仪器放上天。不多久，风筝就上升到了 3.5 千米的高空。他们使用的放线盘每小时可以释放 5 千米长的线。这只风筝后来在 3.5 千米的高空停留了两天，上面携带的仪器测量了那里的温度、气压、臭氧浓度和其他高空污染物浓度。

过去用探空气球时，也可以测量到这些气象数据。可惜气球根本不能停留在一个固定的位置，它随风飘荡；而风筝有绳子拉着，可以基本上呆在一个地方。而且，气球一般能在 1～2 千米的高空测量气象数据，到不了 3.5 千米那样的高度。用飞机虽然能在任何高度测量，但也不能在一个地点保持 4 小时以上。

用塑料风筝就方便多了，用系绳在地面操纵，要它上就上，要它下就下，要它停就停，可以在规定的高度让仪器采集任何气样，而且可以反复使用。现在这两位科学家准备在两年内将风筝放到 10 千米的高空，用它们测量巴西雨林上空的二氧化碳、甲烷排放物浓度和大西洋上空的

让塑料风筝去进行高空气象测量

空气污染情况。

　　其实，本·鲍尔斯科和约翰·伯克斯早在 1990 年就开始用风筝研究位于太平洋中心的圣诞岛上空 4 千米高处的电场分布图以及新斯科舍海岸和亚速尔上空的气象情况，只是那时的风筝没有现在的那么大。可以预计，不久的将来，风筝在气象研究中肯定会占有一席之地。这真是塑料上蓝天，再为人类立新功。

63　可压扁的汽车方向盘

自从汽车诞生之后，人们以车代步，办事的速度就快多了。但是，随着汽车的迅速增加，发生车祸的事故也随之增加，每年全世界死于汽车车祸的人数不亚于一次大的战争。其中，汽车司机的死亡人数也非常惊人。

为了保证汽车司机在驾驶汽车时的安全，英国交通安全部门在1983年做了一项硬性规定，即汽车司机在驾车时必须系座椅安全带。原来，在事故统计中发现，司机往往因突然刹车或和迎面的车辆相撞而被挤死在坚硬的方向驾驶盘上。自从有了这项规定后，挤死在方向盘上的事故大大减少了。但却出现了一种新的事故，即司机死亡人数虽然减少了，但脸部受伤的事故却一直在增加。

原来，在汽车突然发生撞击时，司机的安全带虽然把身子给捆住了，但头部却因惯性作用直往前冲，使脸部撞在坚硬的方向盘上，轻则伤及皮肉，重则把脸部的骨骼撞裂，在极端严重的情况下，还会使颅脑损伤。

为了解决这个新的问题，英国运输部的公路运输研究所的设计师和工程师开动脑筋，经过无数次试验，终于制造出一种可压扁的汽车方向盘。

1989年11月，公路运输研究所的工程师做了一个别致的试验。他们把一个 6.8 千克重的东西包在铝制的蜂窝状物体内，然后从高处掉落到这种新的方向盘上，落下的蜂窝状物体可达到每小时 24 千米的冲击速度。这个蜂窝状物体是汽车司机脸部的"模特儿"，用来测试脸部受撞时遭到的冲击力，如果在受到每小时 24 千米速度的冲击时，蜂窝状物体的变形不到 1 毫米，那么就认为这种新的方向盘是合格的。公路运输研究所的一位研究人员斯莱德·彭诺里，将这种方向盘安装在"越野车 200"型汽车上进行了实车试验，取得了成功。

这种可压扁的汽车方向盘和普通的汽车方向盘不同，普通汽车方向盘是在金属构架上包上硬塑料；新的方向盘用的不是硬塑料，而是一种可以吸收冲击能的泡沫塑料。当发生事故时，泡沫塑料可以使每平方毫米上的冲击力减少到小于 1.7 牛顿，人的脸部在受 1.7 牛顿/平方毫米的冲击力时，不会受伤。这样，在发生事故时，司机的头部即使撞在方向盘上，也不会把脸部的骨骼撞裂。因为在撞击时，方向盘受力的挤压本身会变形、压扁，而不会将力反作用于司机的头部。

英国自 1989 年以后，开始在"奥斯汀米特罗"牌的汽车上安装这种安全方向盘。司机们对这种方向盘很满意，但发现它也有一个缺点，当汽车在冬天遇到很厚的积雪时，使用这种新方向盘很难把汽车从雪堆中开出来。

64　可催眠的香味棉被

睡眠是人类谁都不能缺少的"宝贝"，经常失眠、夜不能寐的人常常会心烦意乱。吃安眠药虽能使人早些入睡，但药物多有副作用。于是，科学家开始琢磨催人入睡的新招儿。

20 世纪 80 年代末，日本东邦大学医学部的几位专家进行了一次别开生面的试验。一天，专家们请来了年龄在 18～55 岁之间的 8 名健康的男性公民，首先给他们进行全面的身体检查。

到了夜晚，8 位男性公民被请到一间卧室，然后就像给人测心电图一样，把测量人的脑电波、眼球活动、筋骨的电波活动、肢体运动情况及呼吸和脉搏次数的仪器接到人的不同部位，这些仪器测量的资料可以用来判断睡觉的人是否睡得安稳。专家们给 8 位公民接好测量仪器后，就关灯请他们睡觉。

在第 1 夜到第 4 夜时，专家们给试验的人盖的是普通的棉被。天亮后，根据仪器上记录的数字。他们发现这 8 名试验者都能一觉睡到天亮，睡眠时间平均为 414.3 分钟。

在第 5 夜到第 8 夜时，专家们给试验的人换了一种新的棉被，其他情况不变。天亮后，根据仪器上记录的数字，发现盖这种新的棉被后，8 名试验者一觉睡到大天亮的睡眠时间平均达 434.3 分钟。而且，仪器上的数字还说明，盖普通棉被的人平均要 38.8 分钟才能进入梦乡；而换上新棉被后，平均 20.3 分钟就能进入梦乡。专家们高兴极了，因为经过这些严格的科学鉴定，说明这种新的棉被的确具有催眠作用。

原来，这种棉被是用日本一家化纤公司生产的香味棉（纤维）制成的棉被。盖在人身上后，棉被总是散发出沁人心脾的清香，而且经久不衰，最多的可以使香味散发 5～7 年，可是却用不着洒香水。

也许你会奇怪，不洒香水，哪儿来的香味呢？这一点，正是生产香味棉被的人高明的地方。原来，日本这家叫嫘萦公司的厂家制成的香味棉，采用的是一种特殊纤维材料。它和普通的纤维不同，是一种空心纤维。当然，这种空心的管状纤维用肉眼是很难看清的，但在显微镜下就看得清清楚楚。而且，这种纤维不仅中间是空心的，在纤维管壁上还有许多海绵一样的细小微孔。在制作香味棉被时，就事先在这种中空纤维的空心内灌注香料，然后在纤维的外层包上一层不透气的聚酯聚合物薄膜，纺纱时，先纺成很长的纤维，然后按需要切成一定长度的短纤维，

由于短纤维两端有切口，香料就从两端的小切口处慢慢散发出香味来，因为香料只能从切口处发散，香料挥发的速度受到限制，所以香味就能保持很长时间。

根据不同人对香味的不同爱好，在制作香味纤维时可以选择不同的香料灌进空心纤维中。比如，有人喜欢森林中的那种清香，一闻到这种香味就觉得心旷神怡，那就可以选择有些树木发出的芬多精一类的香料。日本东邦大学医学部用吸水纸吸收各种香料，在 18 名男性和 17 名女性（年龄 20～80 岁）中进行了试验，选择出其中最受欢迎的香料用来生产香味棉被。

躺在香味棉被中的他不再失眠

65　沙漠中的塑料绿洲

沙漠是干旱的代名词，不管是我国新疆的大沙漠，还是非洲利比亚、埃及的大沙漠或是中东沙特阿拉伯的大沙漠，地面完全为大片流沙所覆盖。在那里，没有流水，没有树木和植物，气候干燥，真是寸草不生。更可怕的是，在狂风的驱使下，像起伏的波浪一样的沙丘会横冲直撞向外蔓延，吞食着周围的良田和绿洲，给人类造成严重的危害。

长期以来，劳动人民一直在和沙漠作斗争，但由于缺少有效的办法而收效不大。直到近几年，科学家才找到了大量绿化沙漠的希望。

绿化，就意味着要种草植树，而种草植树是否能存活，首先要有水，但沙漠里缺少的就是水。因此，科学家在吃过苦头后想到了一条新思路，可不可以种不需要水的树呢？

1990年，在沙漠占全国很大一部分领土的非洲利比亚，来了一位西班牙巴塞罗那的电子学工程师，他叫安东尼奥·伊瓦涅斯·阿尔瓦。不过这次他来到利比亚，可不是来搞电子设备的，而是带着他的新发明，为利比亚绿化沙漠的。他发明了一种人工造的塑料树，计划在利比亚的一片沙漠中先种3万～4万株，进行小规模试验。

阿尔瓦发明的人工树和天然树一样，有根、树干和叶子。在坚硬的塑料树干内布满了带纹沟的聚氨酯塑料，具有很强的吸水能力。为了让这种塑料树能将夜间吸收的水分在白天又能慢慢蒸发出来，他把树干做成密度不同的两部分，树干根部用密度大的聚氨酯（每立方米6千克），树干端部用密度小的聚氨酯（每立方米4.5千克）。树根是由3根空心塑料管组成的，空心管壁上有许多小孔，3根管子就像个三角架一样埋入沙漠下的土壤里，然后用高压把聚氨酯压进空心管，聚氨酯又通过空心管壁上的许多小孔渗进土壤中，形成很长的聚氨酯塑料根，延伸到距

塑料树能帮助沙漠成为绿洲

树干底部20米远的土壤内，牢牢地把人造塑料树固定在沙漠上，这样即使出现速度达到每小时140千米的狂风也刮不倒它。塑料树的树枝和树叶是用酚醛泡沫制成的，全部制成棕榈树形状的树冠。

这是因为，阿尔瓦认识到，沙漠虽然不下雨，但空气中并不是一点水分也没有。由于沙漠昼夜温差很大，在寒冷的夜间，空气中的水分有可能凝成露珠，阔大而又带有许多细孔的树冠，能大量吸收夜间形成的露珠；而白天又能将吸收的水分慢慢蒸发出去，使树冠周围的空气保持湿润，可以达到调节沙漠干燥气候的目的。

阿尔瓦制造的人工树有7～10米高，他为了研究用人造树绿化沙漠，整整花了4年时间，终于获得成功。由于他的人工树是用防火材料聚氨酯和酚醛泡沫塑料做成的，又模仿了天然树吸收水分和蒸发水分的各种功能，因此即使不浇水，也不会干死，而且还能通过夜间吸收水分和白天蒸发水分调节沙漠地区的气候。人们在经过塑料树改善了生态环境的地方，再种上一排排真正的小树，它们不会被骄阳烤干，不会被狂风吹倒，又有湿润的空气帮助生长，就能渐渐长大，使沙漠真正变成绿洲。

现在，日本的沙漠开发协会也在帮助埃及用高吸水性塑料绿化沙漠，可以设想不久的将来，地球上的许多沙漠将出现塑料绿洲。

66　"尿不湿"拯救沙漠中的绿洲

在埃及尼罗河谷地中部以西的广大地区，分布着绵延数百千米的沙丘，形成一片浩瀚的沙海。它们不仅对陆地的交通构成巨大的阻碍，也对沙漠中的绿洲造成极大的威胁。例如，埃及西部的锡瓦绿洲、费拉菲

拉绿洲、达赫莱绿洲、哈里杰绿洲、拜哈里耶绿洲随时都处在被沙漠蚕食的困境之中。

在距首都开罗西北约150千米处，有一个叫布斯坦的农场，它是广袤无垠的沙漠中的一片小小绿洲，但它是靠人工灌溉维持下来的。尽管农场工人每天在为这片绿地的生存而努力，但仍因这里气候极度干燥，刚浇下去的水很快就蒸发掉了，于是沙漠的地盘一天天扩大，农场的绿地不断地被蚕食。

如何有效利用有限的水，防止大量绿地变成沙漠，成了埃及农业生死攸关的重大问题。近年来，埃及和日本的科学家终于想出了一个独特的方法，即使用高吸水性树脂来治服土地沙漠化。高吸水性树脂是制造婴儿尿布的绝好材料，因此俗称"尿不湿"。它是由淀粉和丙烯酸盐做主要原料制成的。"尿不湿"的突出特点是吸水和蓄水量大得惊人，是自身重量的500～1000倍。所以小孩尿尿不必担心尿湿裤子，流出的尿会被它全部"喝"光。

从1990年起，日本鸟取大学的一个科研小组就和埃及科学家合作，在埃及的布斯坦农场用"尿不湿"做防止土地沙漠化的实验。你也许会问，"尿不湿"为何有如此大的本事呢？要想知道其中的奥秘，首先要弄清楚土地为什么会变成沙漠。

科学家在研究中发现，气候干燥少雨是土地变成沙漠的重要原因。凡年降雨量在150毫米以下的地方，土地很容易变成沙漠。另外，凡是乱开荒地、滥砍林木、在草场上过度放牧牛羊的地方，土地也容易变成沙漠。后一种情况，通过制定法律可以制止，但降水多少则几乎是"老天爷"说了算。

沙漠还造成一种恶性循环，因为沙漠地区雨水本来就少，而降下的雨水又因干燥很快就蒸发掉了，这又加速了土地的干燥。能不能使降下的雨水不蒸发或少蒸发，让它们储存在土壤里呢？科学家想到了"尿不湿"这个有力的"武器"。因为"尿不湿"最大的特点就是，它一旦吸进了水之后就不会轻易让水漏掉，因此日本的科学家提出利用"尿不湿"的这个特点来防止土地干燥。方法是将吸水性树脂制成1～3毫米大小的颗粒，然后混合在干燥的表层土壤中，这样可以大量吸收天然降水和露水。因为其中的水不易蒸发，土壤就能保持一定的湿润性，也就为草、木在这样的土地上生长创造了条件。

这就是用"尿不湿"做保水剂的原理。实验证明，在1平方米的农田里，只要掺进500克按"黏土100，吸水性树脂20，水25"的重量比混合的保水剂，至少可以节省50％的水。从1993年10月开始，埃及和日本的科学家合作，进行了在使用各种成分的保水剂的沙漠上种植黄瓜、西红柿和棉花的实验，以确认其保水效果。

科学家预计，这种实验虽然刚刚开始，也许在大面积推广之前还会遇到预料不到的难题，但他们乐观地认为，前途一定光明。

67　太结实的材料反落埋怨

在传统的观念中，凡是经久而不坏的材料就一定受人欢迎。现在，这种观念有时候就不一定行得通了，不信你可以看看一些事实。

从1989年1月起，在欧洲掀起了声讨"太不容易烂掉"的塑料袋、塑料瓶、塑料薄膜的热潮，随即又在全世界兴起了研究容易自行消失的塑料的热潮。

在这一年里，意大利政府颁布了一项法令：凡是购买聚乙烯、聚丙烯、聚氯乙烯一类塑料口袋的人，都要交100里拉（意大利货币）的税款。而丹麦和联邦德国的一些州，甚至明令禁止使用聚氯乙烯塑料做饮料的包装材料。

为什么？原来这些塑料大部分都是用石油合成的，它们消耗了大量能源——石油，这且不说它。但它们柔韧、防水、耐用而不易烂的"毛病"简直到了令人不能忍受的程度。因为这些塑料包装袋、饮料瓶、食品盒被人随手扔掉后，到处都是，成为不腐烂的垃圾，不仅污染了环境，而且在江河海洋和陆地还发现一些动物吃了扔弃的塑料袋后死亡的事件。

在日本，塑料垃圾也已成灾。在东京，1988 年的各种垃圾中，塑料就占了 17％；现在的塑料垃圾早已超过了 20％。更要命的是，日本人虽然规定把可燃烧的和不能燃烧的垃圾分开存放，但还是有 9％的不能燃烧的垃圾混杂在可燃烧的垃圾中，使焚烧垃圾的炉子的寿命大大缩短。

为了消除垃圾的这些恶劣作用，科学家开始研究扔掉后就可以自己消失的塑料，称为生物可降解的塑料。意思是这种塑料一经扔掉，遇到地上、水中的微生物，它就自动降解，化为乌有。

科学知识就是力量，只要你拥有科学，就什么事都能办得到。不到一年功夫，意大利一家最大的化学和农业集团公司首战告捷，1989 年，他们用玉米淀粉做原料制成了一种新塑料，可以用来做食品袋、包装材料和餐巾，它们用完被扔掉后，只要与土壤和水分一接触，几天功夫就能完全分解。

1991 年 3 月，日本兵库县立工业技术中心长田产业公司和京都工艺纤维大学几家单位，用小麦中的蛋白质（即面筋）加上甘油、甘醇、乳化聚硅油和尿素，混合后热压成塑料薄膜，可在农业生产中用做地膜。这种薄膜用完后，埋在土里，4 个星期就能分解完，给农民生产带来许多方便，他们用不着像以前那样，在薄膜用完后再花很多的工夫把它们收拾起来。

东京技术研究所的副教授土居吉春还利用细菌制造了一种独特的生物塑料，用完扔掉后，夏天约 2 个星期、冬天约 6 个星期就能被土壤中的微生物完全分解。

微生物能分解的塑料是用天然资源而不是用石油等矿物资源做原料

生产的，因而可以减轻对宝贵的石油资源大量消耗的压力。更重要的是它能消除垃圾公害，减少环境污染，因而受到世界各国的关注。我国也已在近年研制成功了这种新材料，并投入部分市场使用。

消除塑料废弃物造成的"白色污染"，在我国也已开始成为实际行动。有的省市还生产出可以降解的用植物纤维做原料的一次性饭盒。

68　能吃的塑料餐具

塑料餐具现在到处都是，但绝大多数是不能吃的。一是它们没有营养，二是根本不能消化。一些小孩误吃了塑料瓶盖或塑料笔帽，吃进去是什么样子，拉出来还是什么样子，就是明证。还要说明的是，误吃到肚子里能拉出来算是不慎之中的幸运，如果不是吞到胃里，而是进到气管或肺叶中，那麻烦可就大了，而这类事情还时有发生，国内外都有。这就是为什么现在会出现可以吃的塑料的原因之一。

有家报纸上曾经报道过这么一条新闻，说有个叫加文·马歇尔的英国人，从小到29岁一直被咳嗽折磨得苦不堪言。从上小学开始发病起，就经常跑医院，有的医生说可能是肺部感染，有的说可能是支气管炎，有的说或许是肺结核。但无论用什么药物都不管用，而且病情越来越严重。最后，医生只得给马歇尔进行手术治疗。结果，医生意外地从他的肺里发现了一个小塑料瓶盖，正是这个可恶的塑料瓶盖害得加文久治不愈。医生问他什么时候吃过塑料盖？加文这才记起上小学时，有一次在跑步中饮水，不小心把瓶盖吞进去了，没想到这瓶盖跑到肺里捣乱了20多年，而塑料盖竟至今仍完好无损。

无独有偶，在国内也发生了几乎一样的事情。1996年4月24日，

《北京晚报》报道了一条消息，说福建省福州有一位叫林锋的男孩，3年多来，几乎每个星期有三四天遭受疾病的折磨：发烧、咳嗽、输液、打针、吃药。父母领着他在省里的好多大医院看了个遍，光诊疗费就花了近 4 万元，可就是找不到生病的原因，病情也一天比一天严重。

在万般无奈的情况下，林锋的父母把他送到福州肺科医院，医生们详细询问了林锋的病史，分析了病情，仔细察看了胸部透视照片。最后做出了可能是支气管内有异物的诊断，随后又用支气管镜检查术确诊，果然在肺右下叶基底段支气管内发现了一只塑料笔帽。至此，小林锋多年的疾病才算找到根源，原来罪魁祸首是塑料。

这两个故事生动地说明，塑料已经不光对环境造成了污染，还直接对人的健康造成了威胁，因此科学家早就开始设法减少塑料的危害。最早是研究可自行分解的塑料薄膜（因为塑料薄膜是制造农用地膜、食品袋的原料），并取得了可喜的成果，这就是大家所说的可生物降解的塑料。后来又开始研究可吃的塑料，因为现在许多饮食业大量使用塑料，不仅对环境造成"白色污染"，还时不时出现一些小孩误食的严重事件。

现在台湾研制出一种餐具，它是用小麦为原料做成的，既能做餐具盛食物，又能食用，也能当饲料喂猪。即使扔在野外变成垃圾，遇到雨水也会自行分解，不会污染环境。瑞士科学家也发明了一种盛食物的塑料盘，盘子可以吃，如不想吃也可做肥料肥田。据说这种盘子很坚固，从 5 米高处摔到水泥地上都不会碎。可以预料，用不了多久，可食用的塑料餐具会日益推广。

69 救灾抢险的泡沫塑料

有句成语叫"洪水猛兽"，形容洪水给人们带来的灾难如同猛兽一般可怕。每年雨季，全世界都会有地方闹水灾，洪水来后几十万人家破人亡的事屡见不鲜。最近科学家用泡沫塑料为洪水常发区的人们带来了希望。

塑料从发明到现在已有 100 多年，种类越来越多，用途也多得数不清，不同的塑料各显其能。这里单说最近工程师给一种泡沫塑料委派重要任务的故事。在美国一些地方，隔三差五就会来一次洪水。洪水一来，房倒屋塌，财产经常被冲得一干二净，几百万人无家可归。居民的房屋往往今年才盖好，可能明后年又会被洪水冲垮。美国政府曾经动员洪水区的人索性搬迁到安全地区重新安家，但许多农民眷恋那里肥沃的土地，死也不愿搬迁。这并不奇怪，故土难离呀！美国科罗拉多的温斯顿跨国公司的设计人员很理解这些洪水区居民的心情，为解除他们的忧虑，在 1995 年 9 月宣布，他们设计了一种可以在洪水来时立即浮起来的房子，可以保证在洪水突然来到时，居住在经常发生洪水的沿江低洼地带的居民生命财产安然无恙。即使洪水以每秒大于 1.5 米的速度冲击，风以每小时 130 千米的速度猛刮，洪水深度超过 7 米，这种房子也能水涨船高，始终浮在水上，有惊无险。

为什么这种房子有如此神奇的本事呢？原来它有一个特殊的地基。一般的房子是用结实的混凝土做地基，而这种房子却用泡沫塑料垫底，因为泡沫塑料很轻，又很结实，在水中能产生非常大的浮力。平时它建在沿河的陆地上，但洪水一来，它就会自动浮起来。整个房子又是用很轻的材料（如工程塑料或木板）建造的，在整座房子的下面安装了许多填满泡沫塑料的木桶，这样就等于把整座房子事先放在了一艘可以随时浮起来的船上。在房子的4个角安有4根垂直的钢柱，钢柱套在4个混凝土锚桩底座内，钢柱上涂有润滑油。洪水一来，房子就可以垂直地浮起来，但受4根垂直钢柱的控制，房屋不会左右前后漂移。洪水退走后，房子会随水位下降而垂直下降，直到完全落在地面上，而且还在原处。

泡沫塑料为何有如此大的浮力呢？主要是因为，塑料的密度本来就小，只有铝的1/2，钢铁的1/5。再一泡沫化，密度就更小了。所谓泡沫化，就是在塑料生产过程中，在液态或熔融状态时充入大量气体，产生许多微小的气孔，等于在塑料内填充了大量的小气球。任何塑料都可以通过泡沫化做成泡沫塑料。塑料通过发泡，体积一般可以增加好几倍，增加5倍以下的叫低发泡塑料，增加5倍以上的叫高发泡塑料。一

能随着上涨的洪水而垂直漂浮的房屋

般来说，泡沫塑料都是芯部有大微孔，而皮层则光滑无气孔，所以外硬内韧，强度很高，浮力也特大。

泡沫塑料本身其实已不再神秘，许多怕碰撞的物件大多采用泡沫塑料做外包装的里衬，因为它质轻；遇到磕磕碰碰，它又能将磕碰的力吸收或分散，使里面的物件不致受到损伤。只是想到用它来建造抵御洪水的房屋，则确实需要很富有想象的创造力。

70　粗心出差错引出新材料

1990 年上半年的一天，美国宾夕法尼亚大学的一位叫艾伦·麦克迪尔米德的化学教授得意地在他的办公桌上摆弄一个银币大小的圆片，然后对好奇的同事们说，这是一个塑料电池，是我的合伙人从日本寄给我的，现在那里一个月大约能生产 10 万个，它可以反复充电，特别适用于做计算机的替代电源。过一会，他又说，其实还有一种电池更好，除了一个电极外，都是塑料制成的，这些塑料是一种导电聚合物。

这就奇了，聚合物，也就是平常我们所称的塑料，本来都是不导电的绝缘体，怎么却能导电呢？要说明这个奥秘，还得先从 20 多年前的一件事情说起。

那是 1970 年，在东京工大研究所的实验室，正在研究用乙炔制造一种称为多快的聚合物。实验时，一位从国外来进修的学生因为对日语运用得不够熟练，在向乙炔中加入催化剂时，竟比需要的量多加了1000 倍。结果，得到的产物不是预期的黑色粉末状的多快聚合物，而是一种带金属光泽的银白色薄膜。

由于实验操作人员的失误，导致实验未能得到预期的结果，实验室

的负责人白川秀木认为这类问题不能忽视，就将它专门陈列在实验室里，作为一种教训，提醒实验操作人员要仔细阅读实验配方及操作要求。

没想到 5 年以后，美国宾夕法尼亚大学化学教授艾伦·麦克迪尔米德到日本旅游，在白川秀木的实验室参观，看到了陈列在柜子里的那块银白色薄膜，觉得它很像金属，但这是一个研究塑料的实验室，怎么会陈列着一块金属材料呢？便问那是什么材料。白川秀木便将这块由于实验失误而得到的意外结果的过程向麦克迪尔米德作了介绍。

谁知麦克迪尔米德单单对它发出的金属光泽产生了兴趣，问：它的外观很像金属，内在是否具有金属的性质呢？白川坦率相告说不知道，没有对这块材料做过研究分析性质的实验。于是麦克迪尔米德向白川秀木发出邀请，请白川带上这块材料到美国费城自己的实验室去，和自己的合作者，一位名叫希格的物理学家，共同来研究这块多炔聚合物的性质。

两年以后，1977 年，白川秀木和麦克迪尔米德、希格合作研究的结果发现，这种新型的银色多炔聚合物在掺入少量的碘以后，它的性质竟发生了根本性的变化：它竟能导电，而且导电的性能和金属导电的性能同样优异。

这一发现令化学界为之震惊，因为众所周知，金属是导电的，而塑料是不导电的，所谓多炔聚合物其实就是一种塑料，现在竟发现可塑性强、质地又比金属轻的可导电塑料，这种新材料的发现，将给电气工业、电子工业带来多大的变化啊！

导电塑料的发现吸引了美国和其他国家许多化学家来研究这种新导电材料的开发和应用。

71 新材料开辟新领域

自从麦克迪尔米德和他的合作者宣布发现了导电塑料这一人造导电材料后，吸引了世界许多国家的化学界和工业界的研究人员，去进行开发应用导电聚合物的研究。当然，一开始不见得就一帆风顺。

率先在这一方面进行导电聚合物商业化生产合作研究的人是美国新泽西州莫里斯敦的爱理德－西格诺公司的研究员雷·鲍曼。但他一开始就受到挫折，他的研究小组制成的几种掺入碱金属的多炔材料既不好溶解，也不能熔化和加工成薄膜或固体状态，在空气中也容易起反应，而且这种掺入碱金属的多炔导电聚合物一旦暴露在空气中，就噼里啪啦地迸发火花。

后来，爱理德－西格诺公司的另一位化学家罗纳德·埃尔森领导一个研究小组，则研究出了几种能制造稳定的可以实际使用的导电聚合物的技术，并用它制成了电池。上一篇故事开头提到的麦克迪尔米德摆弄的那种从日本寄来的电池，就是罗纳德·埃尔森研究的导电聚合物做出来的。这种电池的一个电极是锂，另一个电极就是导电聚合物聚苯胺。

现在，爱理德－西格诺公司又研究了一种可充电的导电聚合物电池，它比通常的镍镉电池能量密度高 50％，而且对环境无害。因为在生产镍镉电池的过程中，有毒的镉废料常流入地下，造成水污染，而要处理这些有毒废水很费事。现在开发出的导电聚合物电池可不再使用有毒重金属，无疑它将会大受厂家的欢迎。

在联邦德国的一家合资公司正在生产一种很薄的电池，只有明信片大，很适于作为手提式工具的电源，也是用导电塑料制造的。

导电聚合物在 20 世纪 80 年代初还是实验室的陈列品，现在，它除做电池外，在电容器、飞机、机器人、导电纤维纺织品、抗静电装置等许多方面都大有用武之地。

例如，有的导电聚合物浸在普通有机酸或无机酸中可掺杂成导电态，而经过一些碱处理后又能成为绝缘态，利用这些特点可以把这些导电聚合物制成电容器。有一种叫聚苯胺的聚合物膜，经过绝缘处理后，再对膜进行掺杂，就能使其成为两面导电中间绝缘的电容器。

导电聚合物聚苯胺膜经过掺杂/脱掺杂处理还可使导电性发生变化，同时改变着膜的结构形态，即其中孔隙的大小，通过改变掺杂剂的种类和浓度可以精确控制膜中孔隙的尺寸，这样就可以实现对不同气体的分离，它能像筛子一样，通过孔的大小控制气体分子是通过筛子还是留在筛子内，因为不同气体的分子，大小是不一样的。

总之，随着电子工业的进步，导电聚合物的市场会越来越广阔，甚至可以说：不胜枚举。

由导电塑料的被发现和得到广泛应用、前景无限的事例中，我们想到，一项实验未能得到预期的结果，它也许意味着失败，但也许意味着另一种意外的成功。这种机遇能否被把握住，就要看实验者的水平和功力了。

72　康南特慧眼识英才

提起尼龙，现在没有人不知道的。因为它已渗透到我们日常生活中的各个方面。只要你到商店逛一逛，随处都能见到尼龙制品：尼龙袜、尼龙绸、尼龙绳、尼龙袋、尼龙伞等等，不一而足。可尼龙是怎么出现的呢？可能不是人人都清楚。尼龙是英文"nylon"的音译，学名叫聚酰胺纤维，俗称耐纶，我国叫锦纶。尼龙的诞生，有许多耐人寻味的故事。

在美国有一家世界闻名的杜邦化学工业公司，是由法国移民杜邦1802年在美国特拉华州威尔明顿附近建立的，开始时以制造火药为主。因经营得法，生意蒸蒸日上，后来在世界上建立了200多个子公司，生产石油化工、日用化学品、医药、农药等各种产品，共1700个门类，2万个品种，到20世纪80年代，成了世界上最大的化学工业公司，经营几百亿美元的商品。

杜邦公司发展如此之快，和它特别重视材料研究和选拔科技人才有密切关系。那是1927年，杜邦公司为扩大世界市场，认为必须加强基础研究，为此特意创建了基础研究所。由谁来任所长呢？杜邦公司决定委托当时在美国享有盛名的哈佛大学校长康南特博士代为聘请有才华的年轻化学家担任。康南特慧眼识英才，选中并推荐他的学生卡罗瑟斯。谁知卡罗瑟斯婉言谢绝了，他认为自己不适合在公司工作，希望在大学里搞科研。但康南特认准了卡罗瑟斯是块搞发明创造的好"材料"，三番五次劝卡罗瑟斯不要错过良机。他对卡罗瑟斯说，杜邦公司不仅财力雄厚，设备精良，而且非常尊重人才，已经为他选派了六七名博士和二十多名青年做助手。

卡罗瑟斯在导师的热情劝说下，终于来到了杜邦公司。当时，正好天然橡胶日益紧缺，卡罗瑟斯到任不久，就在1930年用煤炭做原料，成功地制取了人造橡胶，一下子就惊动了化学工业界。但卡罗瑟斯并不满足，他说他的目标是要研究出人造纤维，因为像棉花这类人们最需要的植物纤维总是供不应求。这个目标在当时是一大科学难题，要研究就非常费钱。但杜邦公司对他全力支持，要多少钱就给多少钱，这使卡罗瑟斯大受鼓舞。

1931年夏天，卡罗瑟斯的助手希尔博士在研究一种叫聚酰胺的化合物时，用玻璃棒从熔融的黏稠状聚酰胺中提拉出细丝，比绢丝还细，

但强度比植物纤维和绢丝都高得多。这个重大发现使卡罗瑟斯等人高兴得跳了起来。但这种人造纤维有一个缺点，即在 70℃ 就开始融化。不过这并没有难住这些有才华的科学家，他们经过数十次实验，在聚酰胺中添加了一些添加剂，如热稳定剂、光稳定剂及成核剂，终于研制出了既耐高热又比真丝牢固的人造丝。他们把这种丝命名为"尼龙 66"。

1938 年，杜邦公司发表了一个公告说："我公司利用煤炭、空气和水制成了一种比蜘蛛丝还细、比钢丝强度还高的人造丝。"因为其牢固无比，首先受到袜子生产商的青睐，用尼龙制造出来的女袜一上市就被抢购一空，因为它太耐磨了。在第二次世界大战中，尼龙更是大显身手，做空降兵用的降落伞和绳牢固得万无一失。从此，尼龙的用处不断扩大，迅速蔓延到全世界。

73　一发系千钧：玄乎！

有句成语叫"千钧一发"，比喻用一根头发系上千钧（一钧等于 15 千克）的重物，是极危险极玄乎的事，这比喻非常形象。不过，假如有人用不到一根铅笔粗的绳子吊起一辆 2000 千克的汽车，你信不信呢？乍一听，许多人都不敢相信。于是推销这种绳子的技术人员当场给人们做了一次让你不能不信的精彩表演，这根绳可不是钢丝绳，而是一种化学合成纤维编的绳子。

他们开来一辆吊车，在吊车下停了一辆重 2000 千克的小面包车。工作人员当场用一根 6 毫米粗的绳子将小面包车捆起来，然后挂在吊车上。不一会，吊车的长臂慢慢升起，小面包车就悬空吊了起来。站得稍远一点的参观者，连绳子都有点看不真切，但他们可真的看到了千钧一发的场面，真叫玄乎呀！但请放心，材料专家说，这种绳子你就是挂上再重一些的东西，也没事！因为它是一种强度特别高、比钢丝绳还牢得多的绳子。

是什么东西做的绳子，这样力大无比呢？原来它是一种叫芳香族聚酰胺纤维制成的，国外把这种纤维叫"开夫拉"。大家知道，钢丝绳的强度也不低，但要和这种"开夫拉"比起来，可以说是"小巫见大巫"，差多了！据检测，"开夫拉"的强度是钢丝绳的 6 倍，而它的密度（或者说重量）却只有钢丝绳的 1/5。因此若让"开夫拉"和钢丝比赛，看同样粗的绳子谁吊起的重量大，那"开夫拉"肯定是"绝对冠军"。

这种"开夫拉"是怎样制造出来的呢？说来也相当简单，它是冷战时期军备竞争的产物。20 世纪六七十年代是美国和苏联两国争夺海空优势、拼命发展高性能飞机和舰艇的时代，而高性能飞机和舰

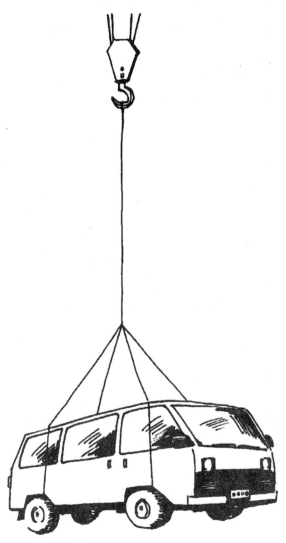

"开夫拉"绳有一发系千钧之力

艇的基础就是高性能材料。谁能研究出重量轻而强度又高的材料，谁的飞机就飞得快、跑得远、省燃料，于是各国都不惜花重金研究重量轻、强度高的材料。当时已知的金属材料，比重通常都比较大，即使是铝这种轻金属，比重也有 2.7（密度为 2.699 克/立方厘米），而且强度也不太高。因此，美国杜邦公司的一班科研人员决定另辟蹊径。

1968 年，杜邦公司发现聚对苯二甲酰对苯二胺一类的芳香族聚酰胺纤维具有极高的强度，且在 －45℃～200℃ 的温度范围内都能保持不变，有极好的强韧性和尺寸稳定性。比如，用做结构材料的"开夫拉"－49 的强度，高达 280～370 千克/平方毫米，比铝或钛等金属的强度高得多；其收缩率和抗蠕变性也相当好，可以说是理想的航空材料"坯子"。

这样，杜邦公司在 1972 年开始成批生产"开夫拉"，到 80 年代中，就生产了 21000 吨"开夫拉"，首先用于军用飞机，使这些飞机重量减轻，速度加快，以后又扩大到民用飞机。例如，美国波音飞机公司的 767 型机使用"开夫拉"和碳纤维制成的复合材料机身，使整个机身的重量减轻了 1 吨，仅此一项就使燃料消耗比波音 727 型机节省了 30%，成为非常叫好的轻质高强度航空材料。

随着"开夫拉"的产量增加，成本逐渐降低，它的用途也日益扩大。现在有许多汽车的轮胎帘子线也采用"开夫拉"，因为它强度高，可以减少帘布的层数，从而减少了轮胎的重量，节省车辆的燃料用量。现在"开夫拉"已广泛用于缆绳、高压软管、运输带、空气支撑的顶篷材料、高压容器、火箭发动机外壳、雷达天线罩；还在高层建筑物中代替钢筋等等，不胜枚举。

74　航天飞机发射架的保护神

从电视上看到航天飞机发射的人都知道，运载火箭是在尾喷管喷出的滚滚浓烟中"背着"航天飞机升空的。这种浓烟具有很强的酸性，能产生盐酸腐蚀钢制发射架表面的涂层。因此每次发射完火箭后，整个发射架就要清扫一次，并重新涂上保护层。否则发射架就会因锈蚀的不断蔓延而"伤及筋骨"，给下一次发射带来隐患。可是，一座发射架的表面积有 9300 平方米，可想而知重新涂刷一次有多么费事。怎样延长发射架防护涂层的寿命？美国航空航天局决定将这个难题委托给洛斯阿拉莫斯国家实验室和德国一家化学制品公司解决。

于是，这两个单位的研究人员组成了一个科研小组，开始研究新的防护涂层。他们首先分析了位于美国佛罗里达州卡纳维拉尔角肯尼迪航天中心的钢质发射架的现用涂层，这是一种含锌 85％ 和环氧树脂 15％的防护层，锌涂在钢架表面虽然能防止其锈蚀，但当锌自己完全氧化后，就不能再对钢起保护作用。尤其是在经过火箭喷出的酸性浓烟的冲刷后，锌已经自身难保，钢架就完全暴露在无保护的环境中。

再经过检测知道，浓烟中含有氯化氢，它遇到空气中的水分就成为盐酸，会对含锌保护层产生致命的伤害。要想延长钢发射架的寿命，就必须寻找能抗盐酸腐蚀的涂料。这个研究小组经过多次实验，终于在1994 年 10 月找到了一种用氯化氢掺杂的半导体聚合物。他们用这种新型聚合物涂在低碳钢表面，然后放在稀盐酸中浸泡了半年之久，竟毫无锈蚀的痕迹；而没有涂这种聚合物的低碳钢，放在同样的稀盐酸中浸泡，只一个月就生锈了。

航天飞机发射架需要新的抗盐酸侵蚀的保护层

看来有些奇怪，怎么掺有酸性化合物氯化氢的聚合物反而能抗盐酸的腐蚀呢？这个问题到现在还没有找到公认的科学解释，但它却是事实。科研小组的成员之一德国齐佩林·凯斯勒化学公司的霍尔格·梅尔克尔认为：这种聚合物涂在钢表面所以能抗腐蚀，是其中掺杂的氯化氢有助于涂层抗酸性浓烟的侵蚀。这种解释和"以毒攻毒"的理论有点相似，即用涂层中掺杂的氯化氢来抵抗浓烟中的氯化氢。但也有人认为这种解释没有令人信服的科学道理。

但不管看法如何不同，事实是火箭发射架涂上这种聚合物后，抗浓烟腐蚀的性能果然大大增加。比如用以前的含锌涂层每发射一次就要清扫掉腐蚀层并重新涂刷一次，而用新的聚合物涂料，发射架可以连续发射 12～16 次，比传统的防锈层效果好得多，每年可节省除锈和重新涂刷费用 25 万美元。这个故事说明，需要往往是发明之母。有时成功的发明已经出现，但一时还说不出个所以然，只能说它是无数次实验的结果，这也说明科学实验是多么重要。

75　聚合物光盘照亮了光计算的道路

在过去的几十年中，硅半导体材料引起了电子装置的革命。现在，位于法国斯特拉斯堡的法国国家研究院科研中心和阿里佐纳大学光学中心的化学家克劳斯·米尔霍尔兹，又找到了一种廉价而性能非凡的有机聚合物，这种聚合物有可能取代硅半导体材料。据米尔霍尔兹对英国《新科学家》周刊的记者称：他们发明的这种聚合物可以用激光束来储存信息，这样就可大大提高计算机的运算速度。

用光信号来储存信息比用电信号储存信息，可以使计算机的运算速度提高 1000 倍以上；而且可以大大增加储存密度，以至一套《不列颠大百科全书》的整个文字和图表，可以存进一个如美国银币大小的聚合物光盘内。由于这一突出的研究成果，英国有名的《自然》杂志也介绍了他们的工作。

聚合物可以储存光信息的原理说起来并不复杂。大家知道，用磁盘可以记录信息，是因为通过电信号可以改变磁盘上磁性材料的磁性；而这种光盘则是用光照射其中的聚合物，通过改变其光的折射性能来记录信息。以前化学家也使用过一些光记录材料，但都有各自的缺点而妨碍了它们的应用。比如，有的化合物虽有强烈的光折射性能，但都是些稀有的无机物晶体或由非常昂贵的元素组成的；而有些比较便宜的有机聚合物，其光折射性能又比较差。

米尔霍尔兹研制的这种聚合物有一种独特的光折射性能，因而对信息的储存非常有利。储存信息的方法是：首先在整块聚合物薄膜上加一个电场，然后用一对激光束在表面上扫描，并用脉冲的通—断表示"0"和"1"这两个数字。这些脉冲信号因不断地在薄膜中改变某些部位的电荷分布，因而也改变了这些部位的光折射性能（这就等于把信息储存了下来）。这样，就决定了这些部位的聚合物在以后是折射光线还是让光线不变地直射通过。在需要再次读取这些信息时，就可以用一束非脉冲式激光束来扫描光盘聚合物薄膜的表面。这样这种稳定的激光束就进入原来一闪一闪地通—断的电荷分布部位，"读取"早先留下的电荷分布图，检索出数据。

这种新的聚合物光盘和现有的光储存装置不一样，它可以提供高密度的数字记录，大大提高了计算机的可靠性。据米尔霍尔兹称，这种聚合物比以往使用的任何晶体材料光盘都好，且成本低。如果大批量生产，一个聚合物储存装置的成本可能不到 1 美元，而晶体材料光盘的成本却在 10～100 美元之间。

不过，目前这种聚合物光盘的记录性能还不太稳定，时间一长，会逐渐退化。只有解决了这个问题，才有可能考虑大批量生产，推向市场。

76 学富五车是多少？

世界上许多东西都能给社会带来革命性的变化，比如蒸汽机引起的工业革命，半导体引起的技术革命。我们中国古代发明的造纸术和印刷术，可以说在世界文明史上也曾引起过深刻的文化革命。

从考古中发现，在造纸术发明之前，中国人把字写在竹片、木块或乌龟壳一类的材料上，欧洲人把字写在石头和羊皮上。这些写字的东西用现代的话说，就是古代的信息记录材料，不过这种记录材料按现代的标准来看是太落后了。

中国战国时代还没有发明纸张，有学问的人都把字写在一种叫竹简的东西上。竹简是用竹子削成的，长的达"三尺"，短的只有"四五寸"。如果给人写信，就用"一尺"长的竹简，叫做尺牍。每根简上写的字少的只有一两个字，多的也不过三四十字，因此就引出许多现在看来觉得有些可笑的故事。

秦始皇当皇帝的时候，每天要看"文件"，作"批示"，据说他每天看的竹简至少有 50 多千克。

西汉时有个叫东方朔的人，想给汉武帝提安邦定国的建议，就用竹简写奏章，因为有满肚子的话要说，一下子就用了 3000 来根竹简。东方朔面对这 3000 根竹简发了愁，因为他手无缚鸡之力，无法拿动这么庞大的奏章，最后只好请了两位大力士抬进宫里去。据《史记·滑稽列传》说，汉武帝花了两个月的时间才看完那一大堆竹简。

战国时有个思想家叫惠施，人称他博学多才、学富五车。原来，他旅行时也爱学习，随车装着爱看的书。其实这些书是一捆一捆的竹简和木牍，一共装了5辆车，"学富五车"的成语就是这么来的。不过，要用现代的眼光看，这5辆车竹简上的字数加起来，顶多也不过我们现在阅读的这本书的字数。

我国古代著名的兵书《孙膑兵法》，是大军事家孙膑用竹简写成的，这本书只有1.1万个字，却用了440根竹简，每根竹简长27.6厘米，宽9厘米，厚1～2厘米。按宽度排，可以排39.6米长；按长度排，可以排121.44米；按厚度垒起来，高达五六米，1万多字的书，要是用现在的纸张印刷，用小32开本，只要16面（8页）就足够了。

可见，中国发明的造纸术和印刷术在文化发展史上曾起着多么重要的作用。公元285年，我国的纸张和造纸术开始传到越南和朝鲜等地。公元610年，中国的造纸术传入欧洲，给欧洲的文化带来了革命性的变化。过去，欧洲人的《圣经》是写在羊皮上的，据说抄一部《圣经》要用300多张羊皮。后来用中国发明的纸张，就省事多了。试想，300多

"学富五年"中全部竹简的字数顶多相当于现在正在阅读的这本书

张羊皮没有一辆大车估计是拉不动的。

因为纸和造纸术是中国的四大发明之一，又在历史上起过革命性的作用，因此也就引出了许多令人回味的故事。

77　一举成名的灞桥

在1975年以前，除了当地和附近的村民，大概不会有多少人知道中国有一个叫灞桥的地方。可是在1975年以后，这个原来名不见经传的小地方，还真的一举成名了。要问是何道理？原来它和一摞"破纸"有关。

那是1975年7月，在陕西西安附近一个叫灞桥的地方，考古学家发掘了一座西汉时期的墓葬，发现在出土的文物中，有几十块呈米黄色的碎片，其中最大的一块长和宽都有约10厘米，厚为0.14毫米。这些碎片原叠放在一面铜镜的下面，铜镜并不稀罕，因为出土文物中经常看到。倒是这些破碎片引起了考古学家的兴趣。经过考证，断定它们是不晚于汉武帝元狩五年（公元前118年）留下来的遗物。但它们到底是何物件，却在考古学界引起了一场旷日持久的争论。

一些考古学家经过对碎片的分析检验，认为那些碎片是迄今为止发现的"世界上最早的植物纤维纸"；并由此推断我国早在公元前2世纪就已经会用植物纤维造纸了。这一结论非同小可，因为它推翻了一个众人皆知的传说：中国最早的造纸发明人是东汉时期的蔡伦。如果蔡伦真是最早的造纸发明人，为何比蔡伦早200来年的西汉墓葬中会有纸片出现呢？于是一些学者认为，关于造纸的历史到了该修改的时候了。

但也有学者认为，否认蔡伦造纸的发明权可不是一件小事，因为纸是中国人的骄傲，也是蔡伦的光荣。作为中国四大发明之一的纸的发明者的权利不能轻易推翻。并为此在《光明日报》《文物》等报章杂志上著文提出：灞桥出土的破碎片"不是纸"，而是因年深日久积压成片的麻絮、麻屑、线头之类纤维的"自然堆积物"，灞桥的"考古新发现不能否定蔡伦造纸"。

另一些学者对灞桥出土的碎片用现代科学方法，通过激光显微光谱分析和扫描电子显微镜观察其内部组织后认为，那些残片绝不是假纸，而是已经具有纸的典型组织的植物纤维抄制出来的人造纸。于是这些持不同观点的学者对蔡伦是不是最早的造纸发明人展开了持续 20 多年的争论。

由于这些争论是由灞桥出土的西汉墓葬中的碎片引起的，有些学者就将这些碎片称为"灞桥纸"，灞桥也因此而闻名天下。这场争论虽然各持己见，但具有非常重要的意义。一是通过争论普及了纸这种信息记录材料的历史知识和科学知识；二是在学术界形成了百家争鸣的氛围。

几张"破纸"就能使一个过去名不见经传的小地方一举闻名于世，在世界上大概也是少见的。但细一想它又是必然的，因为它和人类不可缺少的纸这种信息记录材料牵连在一起了。现在，有人以为"信息记录材料"是现代的新材料，其实，信息记录材料古已有之。古代的木牍、竹简、布帛都是记录文字图像的信息记录材料，只是其记录的容量很小罢了；而纸的发明，在封建社会前期可以说就是最先进的信息记录材料。纸在人类历史上的作用完全可以和现代信息社会的磁记录和光记录材料相媲美；而且，即使在现代，纸仍然是人们不可缺少的信息记录材料。

78   锐意改革善抓机遇的蔡伦

有关灞桥纸的争论，虽然有些学者否认了蔡伦是造纸的最早发明人，却并没有抹杀蔡伦在造纸方面的功绩，蔡伦的名气在争论中反而更大了。这不能不归因于蔡伦所处的时代给了他极好的机遇，也和他善于抓住这种机遇有很大关系。

蔡伦是东汉人（公元？—121年），在汉和帝即位那年（公元89年）开始当掌管太监的总管，叫中常侍。后来又兼为皇宫制造御用器具的总管，叫尚书令。按现在的叫法，他就相当于宫廷的总后勤部长。担任这个职务，首先要考虑节省开支，而宫廷的官员却不管这一套，他们只管如何省事。比如写奏章，蔡伦要求大家尽量用竹简或木牍，因为这些材料比较便宜；但朝廷的官员就喜欢用缣帛书写文字，因为缣帛是质地细薄的丝织品，轻便柔软、好收藏和搬动，虽然很贵，但他们并不在乎。这一点从出土的文物中可以得到证明。

例如在湖南长沙马王堆墓中出土的写有文字的帛书，共有两种：一种幅宽为48厘米，另一种幅宽24厘米，共28件，上面书写的文字总计有12万多字。显然，帛比起竹简来是方便多了，但它的价钱当然也就贵得多。

蔡伦为了找到便于书写文字的材料，他一面派人到各地寻找，一面亲自下去调查，结果在民间还真的发现了这种材料。比如有些人把制绢剩下的碎丝头碾成薄片写字；有些人把树皮压平写字；有些人则把碎破的鱼网捣碎展平写字。蔡伦由此受到启发，回来后就组织工匠们把这些方法综合起来做试验。工匠们按蔡伦的要求把碎丝头、废鱼网收集起来放进石臼中用水浸泡、捣烂，使这些东西变成糊状；再把这些糊状的东西用竹帘抄出薄薄的一层，摊在木板或墙上晾干，果然成了色白而柔软的纸张。蔡伦欣喜若狂，立即将它献给皇帝，皇帝非常赞赏。从此，蔡伦发明的这种纸很快在朝廷中推广使用起来；蔡伦也更受皇帝器重，官位步步高升，并被封为龙亭侯，赐地三百户。所以后来人们把蔡伦发明的纸称为蔡侯纸。

《后汉书·蔡伦传》对蔡伦的这些事迹做了精炼而全面的描述，其中说："自古书契，多编以竹简，其用缣帛者，谓之为纸。缣贵而简重，并不便于人。伦乃造意，用树皮、麻头、敝布及鱼网以为纸。元兴元年奏上之，帝善其能，自是莫不用焉，故天下咸称'蔡侯纸'。"这段几十个字的记载，说明了纸发明的社会背景，即自古以来使用竹简和缣帛书写文字，都不方便。竹简太笨重，而缣帛太贵。因此蔡伦立志改革，用资源丰富、价格便宜的植物纤维如树皮、麻头、破布和废鱼网这些随处

蔡伦作为造纸术的革新者和推广者，功不可没

可见的材料造纸。并献给皇帝，建议进行推广，皇帝赞赏他的才能，从此天下都开始使用蔡伦发明的纸，并称之为蔡侯纸。

因此可以说，蔡伦作为造纸术的革新者和推广者的功绩并不亚于现代发明和推广半导体、光盘、磁盘等信息记录材料的科学家的功绩。1990年，在比利时召开的第20届国际纸史会议上，中国代表宣读了一篇论文《蔡伦是植物纸的发明者》，得到了国际的认可。

79 长命的中国纸：宣纸的来历

欧洲工业革命后出版的大部分图书报章杂志，即使放在书架上不动不看，经过几十年、百把年，它们大多数都会寿终正寝，一碰就碎。美国国会图书馆抢救"百岁老书"就是明证。但我国有一种纸，叫宣纸，却独树一帜。它的寿命之长，为世界少见。这是我国在造纸术上的又一骄傲。

在北京故宫博物院的历代名画中，珍藏有一幅唐代著名画家韩滉（723—787年）的《五牛图》，距今已有1000多年，仍然保持着原画的风貌。当代许多书画鉴赏家确认：《五牛图》用的是宣纸，所以能抗腐拒蛀，流传千载。韩滉是我国第一个有据可查的、在宣纸上作画的丹青高手，因此宣纸被誉为"千年寿纸"和"纸中之王"。

为什么叫宣纸？据《新唐书·地理志》上记载，在唐代的安徽泾县，古时属宣州，出产一种与众不同的好纸，其质地柔韧、洁白平滑、细腻匀整、色泽能长期保持不变，因此地方官员年年把这种纸作为贡品献给朝廷。由于这种纸产于宣州府，后来大家就把它称为宣纸。现在泾县仍是我国宣纸的主要产地。

泾县宣纸厂位于城南 25 千米处，两股山泉穿厂而过，终年不竭，是造纸的绝好用水。这里盛产的青檀皮和沙田稻草，纤维好、韧性强、白度高，是难得的宣纸上乘原料。

宣纸是何时和怎样出现的呢？据传东汉蔡伦有一个弟子叫孔丹，曾在宣州一带以造纸为业，他早就想"青出于蓝而胜于蓝"，造出比蔡侯纸更好的书写材料。但事情并不像他想象的那么简单，他屡试屡败。一天，有些懊丧的孔丹发现在一条山溪中有好些檀树皮被水浸泡后又白又烂。孔丹在当时也算是造纸专家了，知道树皮可以造纸，于是就取檀树皮为原料，几经试验，终于造出了白净稠密、纹理纯洁、纤维坚韧、久不变色的优质纸。明末吴景旭在《历代诗话》中评价说："宣纸至薄能坚，至厚能腻。笺色古光，文藻精细。"在宣纸上作画，能有骨有神，表达出水墨淋漓的艺术效果；而且宣纸不怕虫蛀，能长期保存。

中国古代流传至今的文献、书画，大多是用宣纸记录下来的，因此宣纸被誉为中国传统的文房四宝之一（即湖笔、徽墨、端砚和宣纸）。用宣纸写的书画经过裱糊，登堂入室能蓬荜增辉。

宣纸种类繁多，各极其妙。按原料分为绵料、黄料、净皮三大类；按规格分为四尺、丈六等张幅。1915 年，宣纸在巴拿马国际博览会上荣获金奖。1979 年和 1984 年又两次获国家经委的金奖。现在泾县年产宣纸达 500～600 吨，用途也由艺林、国家高级档案、外交文牍，跨越到水利、医药、石油工业，作为过滤纸和吸墨纸，为国内外所争购。可以说宣纸是有中国特色的纸张，或者干脆应该叫中国纸，它是独特而古老的、现代也不可缺少的记录材料。

80   纸张"食物中毒"

美国国会图书馆是世界上藏书最多和现代化程度最高的国家图书馆。可是到 20 世纪 80 年代初，它却不得不雇用 30 多名工人专门从事手工劳动。只要一上班，这些工人就将一册册纸张发黄的图书小心翼翼地拆开，然后，用毛刷沾上一种溶液仔细地一页一页地涂刷，等溶液完全干透之后，再重新装订起来。他们每天工作都非常忙碌而且似乎迫不及待。不明内情的人都很纳闷，这些人把书拆了刷，刷了装，在折腾什么呢？

原来，这是一些图书"维修工"，他们是在抢救面临"死亡"而又珍贵的图书。你只要细细查看这些图书，就会发现这些都是 100 多年前出版的老书，纸张变得又黄又脆，稍不小心就有可能碰破；而这些书大多是些绝版的孤本或珍品，万一破碎后就再也找不到第二本了。物以稀为贵，因此必须尽快抢救。要说这些图书都是美国工业化之后生产出来的纸印刷出来的，质量还是可以的，可为什么它们的寿命不算长呢？这些纸要是和我国的宣纸比起来，完全可以说是"短命鬼"。宣纸是中国特有的手工造出的纸，其寿命之长达千年以上，俗称"千年寿纸"。欧美生产的纸之所以短命，是因为它们非常容易"食物中毒"。

这事要从头说起。从公元 4 世纪开始，中国发明的造纸术就向全世界传播。从 12 世纪到 19 世纪中叶，中国的造纸术就传遍了欧美各国，这些国家开始仿效中国用棉花和烂布屑之类的纤维造纸。这种纸寿命长，当然也比较贵，可历经百年不变。但欧洲工业革命后，纸张用量大增。为了降低成本，就大量用木浆造纸。这种纸成本虽然降低了，可不

太好使，印刷上墨时容易化开，影响书写和印刷质量。

为了克服这种纸张的不足之处，欧美人在木浆中加入一种添加剂，叫硫酸铝，结果造出的纸用来印制图书，果然字迹清晰。谁知这种添加剂能造成纸张的"慢性中毒"，在保存一段时间后就发黄变脆，有些一碰就碎，使许多大型图书馆保存的图书都面临"灭顶之灾"的威胁。原来，在纸张之中含有的硫酸铝，有从空气中吸收水分的"嗜好"，硫酸铝和水蒸气慢慢起反应会形成硫酸，而硫酸对纸张中的纤维会产生腐蚀，天长日久，纸张也就像"慢性中毒"的病夫，脸色"蜡黄"，弱不经"摸"，一摸就破。

美国图书馆工人正在紧急抢救"纸张中毒"的图书

美国国会图书馆的工人在那些"病入膏肓"的书上，用毛刷一页一页刷上的溶液原来是碱性溶液，是为了给"食物中毒"的纸张治病。因为碱性溶液可以中和纸张中的硫酸成分，消除纸张中的"毒素"。

81 奇怪的科学家和智能材料研究

在日本东北大学金属材料科学研究所，有一位叫小松启的教授，他是一位金属材料专家，但现在不是在研究金属材料，而是在研究人身上的胆结石、肾结石、牙齿、骨骼、指甲、毛发和细胞膜一类的东西。他说："目前的日本人当中，1/10 的人长有胆结石，胆结石正是我现在研究的课题。我想搞清胆结石这种晶体是如何形成和如何长大的。"他为什么要研究胆结石呢？他又不是医生！的确奇怪，是他想改行吗？不是！可是他还在研究人的牙齿，并提出一些怪问题：人的牙齿为什么不是直接长在腭骨上，而是由结实的纤维吊在齿槽当中呢？是他想当牙科医生吗？也不是！要摸清这位科学家的思想并不难，原来他是想通过对人体中胆结石、牙齿、指甲和皮肤等能自己生长的材料的研究，寻找一种所谓的智能材料。

小松启想，人的皮肤划破之后，能自己长好；人的骨头折断之后，只要骨折的缝隙对接好，有那么 100 来天，骨头就会自己长在一起。如果一架飞机、一座桥梁也能像人的皮肤和骨骼一样，身上出现裂纹后能自己修复，自己再"长"在一起，该有多好！那样就可以防止飞机失事，防止桥梁坍塌了！这种想法似乎有点异想天开，"死东西怎么能自己长在一起呢？"这个问题问得不错。小松启正是希望通过对胆结石的研究找到桥梁出现裂纹时能自己修补的线索。

日本三重大学的一个科研小组则在研究贝壳的生长机制。他们想弄清楚，贝壳为什么一旦受损，损伤处能钙化，并且巧妙地进行自我修复？而且当把贝壳外膜的上皮组织移植到体内时，就形成珍珠。一旦上皮细胞同珍珠袋同时发生变化，蛋白质和晶体就整齐地互相排列在一起，而且即使没有来自脑的指令，这一排列也能完成。如能搞清这些原因，就有可能找到"无生命"的材料自我修复的线索。

从事这一类智能材料研究的科学家还有不少。

日本日立造船技术研究所的一个科研小组则在研究鲸和海豚的尾鳍和飞鸟的翅膀，希望有朝一日能发明像尾鳍和鸟翼那样柔软、既能折叠又很结实的材料，人们就可以方便地利用自然界的波浪能和风能。这首先要弄清鲸和海豚为什么通过上下摆动水平尾鳍就能在没有波浪的水中高速游动，为什么在水上能产生如此强大的推力。如果是尾鳍的上下摆动产生的推力，那么只要使尾鳍周围的水上下运动也应能得到推力。因此这些科学家认为，如果在船舶上安一个上下摆动的水中振动翼，便能产生推力。但水中的振动翼用一般的钢铁材料既笨重又给操纵带来麻烦，这就需要研究出像鸟翼和鲸尾鳍那样轻而柔软、既能折叠而又结实的智能材料来做振动翼。

日本住友化学工业功能开发研究所的一个科研小组，则对竹子和竹节的功能很感兴趣。他们发现，竹子的内侧和外侧的纤维排列不一样，正是这种组织结构使竹子能抗风雪而不怕弯曲，而竹节则起防止裂痕扩大的作用。因此他们试图将竹子和竹节的抗弯抗裂机制用于飞机、火箭和其他结构的设计中。

日本东京工业大学的一个科研小组正在致力于海参的研究，他们发现，人在捕捉海参时，海参身体就变硬，但并不逃跑；而海参在受到鱼类攻击时，如果不能逃跑，会自己"切掉"身体的一部分再逃之夭夭。海参越遭攻击，皮就变得越硬。科学家由此受到启发，认为如果能利用海参外皮组织的相反特性，即在受到强烈碰撞时，能变成软的外皮，受碰的物件就可以免受破损。

这些看起来"不务正业"的科学家，其实是在从事极有发展前途的仿生智能材料的研究，经过他们的不断努力，可以预料，终有一天会出现各种实用的智能材料。

82　会呼救的混凝土

1994 年，韩国的一座钢筋混凝土桥梁在汽车经过时突然断裂，结果连人带车坠入滚滚的江流中，造成严重的人员伤亡。这一起惨案轰动了世界，汉城的几名政府官员还因此引咎辞职，因为公众认为这些官员平时对桥梁的安全管理没有负起应负的责任。但也有人认为，如果桥梁在刚刚出现裂纹还没有断裂之前，自己能大呼"哎哟！救命呀！"向人们报警，提醒管理人员赶紧抢救，也许就有可能避免一次恶性事故；或者，桥梁更"主动"一点，在出现裂纹后，自己能立即自动修补并加固如初，那也有可能避免桥毁人亡的惨剧。也许有人会说，无生命的桥梁会自己喊"救命"，能自己修补裂纹，岂不是"天方夜谭"，纯属幻想吗？

其实，幻想往往是发明之母，美国一些桥梁专家还真的在研究能喊"救命"和能自动修补裂纹的桥梁。在各种建筑物尤其是桥梁中，钢筋混凝土一向是"唱主角"的材料。它虽然很坚固，但在长期繁忙的交通、载重车辆引起的振动下，也会发生疲劳损坏。为了确保各种桥梁的安全，美国伊利诺伊大学的建筑学家卡罗琳·德赖从 90 年代初开始研究能"呼救"和自我修补的智能型混凝土。他的思路是：在混凝土中埋入大量空心纤维，空心纤维中事先装有"裂纹修补剂"。当混凝土开裂时，空心纤维也会开裂，这时会发出报警信号，并流出修补裂纹的黏结剂，把裂纹牢牢粘在一起，防止裂纹进一步扩大。

这种智能材料称为被动式智能材料。美国的另一些桥梁专家则在研究一种主动式智能材料。他们的方法是在混凝土中埋入光导纤维或微型

电子芯片和传感器，在桥梁出现问题时，能使桥梁自动加固；其中一种方案是模仿人的行为。比如，人的两条腿，当一条腿受伤不能承受更多的压力时，人会自动把重量的大部分转移到健康的腿上，以避免伤腿进一步受损。

桥梁专家认为，如果桥梁的某些局部受损，可使桥梁的另一些部分自动加固，使桥梁总的强度不会降低，这一点现在已不存在太大的技术困难。随着电脑技术的迅速发展，现在完全可以制造出极微小的信号传感器及微电子芯片和计算机，把这些一一埋入桥梁材料中。信号传感器可及时发出报警信号，而桥梁材料则用各种功能材料构成。例如用形状记忆材料或在电压作用下能够从液体转变成固体而自动加固的压电材料。埋在桥梁混凝土中的传感器得到某部分出现裂纹的信号后，计算机就会发出指令，使事先埋入桥梁中的微小液滴变成固体而自动加固或使形状记忆合金发生相变增加桥梁强度。

我国的材料科学家也在研究用形状记忆合金制造的可自行诊断的材料。方法是在玻璃纤维增强环氧树脂复合材料中埋入镍钛形状记忆合金丝及光纤和电阻应变丝传感器阵列，它们可以检测材料中的受损部位，

未来的建筑材料，将会及时发出报警信号，同时会自动进行修复

然后由计算机控制的执行系统，对相应的受损位置的形状记忆合金进行加热，激发它产生相变，使复合材料结构中的受力状态自动适应原有设计的受力条件，恢复正常，保证安全。

83　能自我抢救的航空材料

　　飞机的诞生给人们增添了许多乐趣和方便，几十个小时就可以绕全球一周，但飞机失事从天上掉下来的惨剧也时有发生。这些事故除少数是人为破坏或气候恶劣造成的以外，大多数是飞机材料本身有问题引起的。

　　比如1938年，英国的一架战斗机在飞行训练时突然坠毁，飞行员一命呜呼。经查是飞机发动机主轴存在裂纹引起的。1954年1月，一架由意大利飞往英国伦敦的客机起飞20分钟后突然失事，机上35名乘客全部遇难。事故的起因竟是一扇窗框材料因疲劳断裂引起的。更惨的一起事故是，1978年5月，美国一架大型客机，因发动机内的一个小小的螺钉断裂，造成机毁人亡的事故，致使270名乘客全部丧生。

　　在许多事故中，因飞机机翼断裂而机毁人亡的悲剧更是屡有发生。飞机能飞，主要靠发动机和机翼，发动机不转等于人的心脏停止跳动；机翼断裂，就像飞鸟折断了翅膀。不过人和动物发病前一般是有预兆的，有可能进行预防；而现在所有的飞机材料都是无生命的"死物"，身上即使裂开了口子，也不会像人一样喊痛，即使"带病"飞行，驾驶员也不会知道。

　　如果飞机不管在什么地方刚一发生毛病，就能报警或一出现裂痕就能自动"打上绷带"自我抢救，那就可以防止许多惨剧的发生。但这种

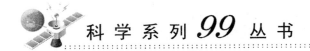

材料在一二十年前只能是一种幻想。而现在不同了，科学家正在研究一种智能材料，他们将把人类的幻想变成现实。这件事其实早在 90 年代初就开始了。

几年前，在美国弗吉尼亚理工学院和弗吉尼亚州立大学挂出了一个"智能材料研究中心"的牌子。美国多伦多大学也成立了光纤智能结构实验室。科学家正在设计各种方法，试图使飞机上的关键结构具有自己的"神经系统""肌肉"和"大脑"，使它们能感觉到即将出现的故障并及时向飞行员发出警报。他们想出的方法是：在高性能的复合材料中嵌入细小的光纤，由于在复合材料中布满了纵横交错的光纤，它们就能像"神经"那样感受到机翼上受到的不同压力，因为通过测量光纤传输光时的各种变化，可以测出飞机机翼承受的不同压力。在极端严重的情况下，光纤会断裂，光传输就会中断，于是就能发出即将出现事故的警告。

美国密执安州立大学一位叫穆凯席·甘迪的教授，则在研究一种能自动加固的直升飞机水平旋翼叶片。当叶片在飞行中遇到疾风作用猛烈振动而可能断裂时，分布在叶片中的微小液滴就会变成固体而自动加固。弗吉尼亚理工学院和州立大学的智能材料研究中心则在研究一种能减弱某些振动的飞机座舱壁材料，使飞机能平稳飞行。其原理是利用装在座舱壁内的压电材料，使座舱壁振动的方向正好和原来的振动方向相反，这样就等于消除了座舱壁和窗框产生疲劳断裂的根源。

84　变色龙的启发

学过生物课的人知道，有一种叫避役的爬行动物，体长也就 25 厘米左右，但它的本事不小，舌头能从嘴内伸出好几厘米长，便于捕捉昆虫；更有一个绝招，是它能随时伸缩身体，改变皮肤的颜色，使身体的颜色和周围的环境（如树木花草等）的颜色保持一致，以达到隐蔽自己的目的。避役的善于变色使它获得"变色龙"的称号。

人类是最善于学习和创造的高级动物。变色龙的本事使不少军事家和材料科学家羡慕不已，都想学学变色龙的本领，看看它是怎样练就这身变色功夫的。后来发现它的真皮内有多种色素细胞，通过伸缩身体而使表皮色素细胞发生变化，也就变化出多种颜色。

美国国防部为了对付苏联的侦察卫星对美国部队和军事装备的侦察，在20世纪六七十年代研制出了一种变色龙式的隐形材料，并把它们涂在各种武器上。这种隐形材料可以随着周围的环境而变换颜色；在草地上它就变成草绿色，在沙漠地区它又变成沙子的黄褐色，和周围的环境融为一体，使照相侦察卫星对这些地面的武器难以分辨。

进入20世纪80年代以后，冷战气氛有所缓和，一些材料科学家，尤其是日本的纺织业，为了抢占世界的服装市场，别出心裁，开始大力研究变色服装。这种服装特别受那些喜欢寻求刺激的男女青年的欢迎。

1989年，日本东邦人造纤维公司研制出一种叫"丝为伊UV"的变色衣服，在室内穿时是一种颜色，但到室外在阳光下一晒，它就变成蓝色或紫色。原来，这种衣服是用一种能因感受紫外线而改变颜色的有机纤维制成的，只要太阳中的紫外线照到衣服上，颜色就发生变化。日本东邦人造纤维公司还制造了一种变色游泳衣，穿这种游泳衣的人在岸上是一种颜色，只要一跳进游泳池，它就会变出红、蓝、绿等鲜艳色彩。原来，这种衣服是用一种感温纤维制成的，只要周围温度一变化，它的颜色就会改变。感温变色游泳衣就是利用野外、室内、水中和海岸温度的不同而变化出各种颜色的，它给人以美的享受和刺激。

1991年在伦敦举行过一次别开生面的时装表演，女模特身着款式新颖的时装行走时，服装不断改变颜色。原来这是英国的材料科学家研制的一种液晶服装面料，这种面料在28℃～33℃的范围内具有变幻莫

测的色彩。如在 28℃时衣服呈红色，在 33℃时又呈黄色。模特在行走时使衣服以不同速度和方向摆动，身体各部位的体温就发生变化，这样时装就会变幻出彩虹般的迷人色彩。

变色材料的用途今后将越来越广，现在有一种茶杯，当茶水温度达到不冷不热时，茶杯表面上就会出现一种图案和文字，如"请您用茶，祝你健康"之类。原来，在这种茶杯的外面涂有一种感温变色材料，一到适合饮茶的温度，它就显现出鲜艳醒目的颜色来提示你，请用茶吧！

85 敏感材料的功绩

20 世纪 80 年代末，在英国发生了一起特大的暴风雪，一辆在中途抛锚的汽车被困在暴风雪中，等待救援的司机和乘客在严寒的风雪中冻得瑟瑟发抖。为了取暖，司机就用汽车发动机开动暖气，使乘客们不致忍受挨冻之苦，不料，由于燃烧的废气中含有一氧化碳，结果乘客都因煤气中毒而死。这一事故在英国引起了很大的轰动。后来有人说，如果汽车内有一个报警装置，能感受到空气中有一氧化碳存在，及时发出警报，或许这一车人就得救了。

1990 年下半年，苏联的大马戏团来北京演出住在离北京火车站不远的北京国际饭店，马戏团招募的一位工作人员也随团住在客房中。这位工作人员有吸烟的习惯，吸烟时随手把未熄灭的火柴梗扔进了一个字纸篓里就出去办事去了，结果火柴引着了字纸篓，接着引着了地毯，眼看一场火灾就可能出现，幸亏在这座现代化的国际饭店的每个客房内都安装有烟雾报警器，在烟雾弥漫时能发出警铃鸣响。服务人员听到报警铃声，立即提着灭火器冲进烟雾腾腾的客房，一场后果不堪设想的火灾避免了。

原来，在这种烟雾报警器中，有一个类似人的嗅觉系统的烟雾传感器，是用一种叫气敏材料做成的敏感元件制造的。气敏材料有一种本事，当它遇到一氧化碳和烟雾一类的气体时，它的电阻值就立即发生变化，人们利用这个特点，把气敏材料做的烟雾报警传感器装在室内，并和一个报警电路连接起来，这样，只要室内的烟雾在空气中的浓度达到预定的报警线时，电路中的电阻就发生变化，并自动接通报警器，发出声响。现在，凡是现代化的大宾馆的客房中都装有烟雾报警器。

英国的运输部门，在出了那次暴风雪中汽车乘客被一氧化碳等废气熏死的惨剧之后，接受了教训，立即委托英国曼彻斯特大学科技学院的研究人员，研制出适合在汽车上使用的"人工鼻"，这种人工鼻和汽车上的一个报警铃相连。当一氧化碳等有毒气体的浓度达到危险程度时，警铃就会发出声响，告诉司机：危险！

这种人工鼻实际上和烟雾报警器很类似，它是把探测一氧化碳等有毒气体的气敏材料传感器和电子线路集中安装在一个只有指甲大小的硅片上。1991年初，曼彻斯特大学科技学院终于制造出一种人工鼻，约30厘米长，在试验中证明，这个人工鼻对有些气体的嗅觉，甚至胜过嗅觉非常灵敏的狗和猪。除了可在汽车上使用外，也可以安装在住宅、工厂和其他车辆中，监测有毒的一氧化碳气体可能对人类造成的危害。

1991年初，日本索尼公司也制造出一种能分辨臭味的人造鼻。它的嗅觉灵敏度和反应速度几乎同人鼻一样，只要空气中有 $1/10^9$ 克的臭味分子，它在2秒钟内就能做出反应，这种能模仿活体鼻子识别臭味的人造鼻是世界首创。其中识别臭味的传感器是用花生酸、二十三烷酸和二十三碳烯酸等5种有机酸制成的；制造传感器的材料成分不同时，可以分辨不同臭味分子的含量。

86 没有电阻的材料

在地球上，所有的元素和材料都有电阻，就是导电性最好的银、铜、铝也有电阻，电炉就是利用电阻丝发热的原理做成的；大家熟悉的保险丝也是利用电流超过规定大小时，电阻使保险丝发热自动烧断来保护电路的。电阻的存在，使电流通过的时候，总要受到一些损耗；电阻越大，电流的损耗也越大，因此人们都尽量选择电阻小的材料作为输送电流的导线，那么世界上有没有电阻等于零的材料呢？

1911 年时，世界许多科学家发现，金属的电阻和它所处的温度有很大关系，温度高时它的电阻增大，温度低时电阻减小，并总结出一个金属电阻与温度之间关系的理论公式。这时，有一个叫昂尼斯的荷兰物理学家想检验这个理论公式是否正确，他就用水银这种金属做试验。他把水银冷却到－40℃时，亮晶晶的液体水银像"结冰"一样变成了固体，然后，他把水银拉成细丝，并继续降低温度，同时测量不同温度下固体水银的电阻。当他把温度降到绝对温度 4K（相当于－269℃）时，一个奇怪的现象出现了，即水银的电阻突然变成了零。开始他不太相信这个结果，于是反复试验，结果还是一样。这个奇怪现象不仅昂尼斯自己很感意外，而且轰动了物理学界，后来科学家把这个现象叫超导现象，把电阻等于零的材料叫超导材料。

昂尼斯和许多科学家后来又发现了 28 种超导元素和 8000 多种超导化合物。但出现超导现象时的温度大都接近绝对零度，也就是－273℃的极低温，没有太大的实用可能性和经济价值。

为了寻找可在比较高的温度下有超导现象的材料，世界上无数科学家为之奋斗了近 60 年，直到 1973 年，英美一些科学家才找到一种在 23K（－250℃）温度出现超导现象的铌－锗合金。此后这一纪录又保持了 10 多年。

在无数人为寻找在高温下（相对绝对零度而言的高温）有超导现象的材料时，幸运的贝特诺茨和缪勒在瑞士国际商用公司实验室工作时，终于发现一种镧铜钡氧陶瓷材料在 43K（－230℃）的较高温度下出现了超导现象，联邦德国人贝特诺茨和美国人缪勒立即成了在科学界引起轰动的新闻人物。他们是从别人多次失败的经验中，放弃了在金属合金中打圈子寻找超导材料的老观念，解放思想，终于在陶瓷材料中找到了超导材料，并把出现超导现象的温度一下子提高了许多。为此，他们获得 1987 年的诺贝尔物理学奖。此后，美籍华人学者朱经武、中国物理学家赵忠贤领导的研究小组相继发现了在 98K（－175℃）和 78.5K（－194.5℃）有超导现象的超导材料。

更令人振奋的是，美国和日本等科学家在 1991 年又发现了球状碳分子^{60}C 在掺入钾、铯、钕等元素后，也有超导性。有些科学家预料，球状碳分子^{60}C 经过掺金属后，将来有可能在室温下出现超导现象，那时，超导材料就有可能像半导体材料一样，在世界引起一场工业革命和科技革命。因为没有电阻的材料用途极为广泛，用它做输电线不会损耗电力；用它做发电机可以做得很小；用它制造悬浮列车，可以使时速达到 550 千米以上；用它做计算机，可使计算机速度提高成千上万倍。

87　风靡世界的不干胶纸

1974 年一个星期天上午，美国明尼苏达州一位留着胡须的清瘦男子，来到一座教堂的唱诗班唱歌。这是他每个星期天的例行"公事"。不过，他不像那些虔诚的教徒一样对圣歌"倒背如流"，因此总要带上圣歌唱本。他叫阿瑟·弗赖伊，是一位化学家，办事一向讲究效率。为了在唱诗时能顺利找到指定的圣歌，他就在唱本中夹一张小纸条做记号。但这天不知怎么回事，唱本中央的小纸条不见了。

弗赖伊一面急匆匆地翻找指定的圣歌，一面冒出一个念头：要是有一个能固定在原处不易失落的书签该多好！这个念头反复出现，不久就触动了他的灵感。他相信，也许真的可以发明一种独领风骚的书签。

这时弗赖伊正好在明尼苏达矿业和机械制造公司（即3M公司）的产品开发部工作。这位相信神灵的工程师后来对人说，自从有了想发明一种不易丢失的书签的念头后，也不知是上帝的启示还是发明愿望的驱使，他的思想就开始随意游荡。一会儿想起邮票背面涂的胶，用舌头一舔就能贴在信封上，但这种胶一粘上信封后就揭不下来；一会儿又想起了贴伤口的胶布，但胶布贴上后，再揭下来会在书上留下难看的痕迹，用这些东西做书签都不行。

一天，他突然想起几年前自己所在的3M公司另一位化学家斯潘塞·西尔沃博士发明的一种新型黏结剂，这种黏结剂具有很高的黏结性，能粘在任何物品上不掉下来；但又容易揭下来，而且揭下后在物品上不留任何痕迹。可是西尔沃的发明在当时没有被人重视，因为人们不知道这种虽能黏结却又不牢固的黏结剂能有什么商业用途。

真是天赐良机，弗赖伊丢失书签后冒出的灵感使他的思想豁然开朗，他意识到西尔沃发明的黏结剂正是他想制造既可固定又可随时揭下的书签的理想材料。经过一年的努力，弗赖伊果然利用西尔沃的发明，开发出一种带有黏性的黄色便笺本，这种便笺本有各种规格。才开始推进市场时，人们对这种便笺本并不十分重视，但弗赖伊拿着他的发明到处进行现场表演，一下子吸引了许多人。人们将这种可贴可揭的纸叫不干胶纸。

别看小小的一片黄纸，却给人带来了许多方便，做书签只是其中一项小小的用场。如果你到朋友家造访而主人不在家，你只要用随身携带的这种便笺写下留言，撕下一张往门上一贴就行。主人回来后揭下这种纸条很容易，也不会留下污染痕迹。

不久，弗赖伊开发的不干胶纸迅速扩大到许多部门，从电冰箱门、厨房墙壁、书刊编号到各种报表，甚至在遗嘱上都贴有这种不干胶纸。现在，不干胶纸已不再限于黄色，还出现了更多更鲜艳的颜色，它的用途也日益扩大。用不干胶印制的各种有趣的卡通图案，更是小学生们的爱物。随时可以揭下一张自己喜爱的形象，然后粘贴在自己想贴的地方。

88   "高山皮革"和"不燃纸"

1990 年 11 月 21 日，新华社驻东京的记者报道了一条新闻，说日本常盘电机公司发明了一种不怕火的"不燃纸"，这种纸即使在 800℃ 的高温火焰中烧上 5 分钟也点不着，并能保持原来的形状。这家公司为什么要研究不燃纸？为什么这种纸点不着？他们又是怎样研究出这种不燃纸的呢？

大家知道，纸从发明到现在，已有 2000 多年了。它由最初作为记录文字和图像的材料，发展成装饰材料。花花绿绿的纸张可以美化房间；可以扎成五彩缤纷的纸花增加节日气氛；剪纸艺术更使纸的魅力得到充分体现。以后，又发展成包装材料，包装纸已成为不可缺少的产品，各种食品、香烟经漂亮的纸一包装，价格立即倍增。但后来包装纸的阵地有一大部分被塑料包装袋占领，塑料包装泛滥成灾。

现在人们已意识到塑料包装袋会造成"白色污染"，于是包装纸又吃香起来。许多国家已明令禁止用塑料包装食品，更为包装纸提供了扩大"势力范围"的机会。至于彩电、冰箱、各种家用电器的外包装，现在几乎全是用纸箱。但纸是易燃物，一旦遇上火灾，不管多结实的纸都会立即化为灰烬。原来起保护作用的包装纸就泥牛入海，自身难保了。

因此人们希望有一种不怕火的包装纸。可惜这个愿望要实现起来却不那么容易，有好长时间都没有研究出来。但世界上的事，往往是心想事成。只要肯动脑，做有心人，创造发明就会在孕育之中。日本常盘电机公司的科研人员能发明不燃纸，正是由于他们是一些善于动脑的有心人。他们发明的不燃纸是用硅酸镁制造的，因为这是一种矿物原料，所以不怕火烧。至于他们为什么想到用硅酸镁来造不燃纸，他们没有透露其中的秘密。但我们从世界的知识宝库中，不难寻找其中的线索。

在20世纪初，俄罗斯科学院院士费尔斯曼在乌拉尔山的帕戈斯克矿床发现了一种奇怪的矿物，它像薄薄的手帕，可以折叠，可以拿来做包装纸。由于它的这种异常的性能，人们常把这种矿物叫"高山皮革"，但这种像纸样的矿物并不常见。无独有偶，在20世纪50年代，苏联的远东地区也发现了类似的矿物。在一座多金属矿山的开采过程中，矿工们发现了一个很小的岩洞，从洞顶中央垂挂下来一幅灰白色像窗帘一样的东西，正中间还折叠着。这幅窗帘式的东西大约有1.5米长，1米宽，用手摸上去就像小山羊皮一样柔软而有弹性，其精美真可谓巧夺天工。

不久这个意外发现的珍宝被送到莫斯科，化学家对它的成分进行了分析，证明这种天然纸样的东西的主要成分是镁铝硅酸盐，是一种石棉类的矿物。这一珍贵的矿物标本后来陈列在苏联科学院矿物博物馆。由于它是世界上已发现的尺寸最大的"高山皮革"，因此受到世界各国参观者的关注。报纸、书刊中都报道过这一稀奇的矿物。

日本常盘电机公司发明的不燃纸的原料主要是硅酸镁，和"高山皮革"的成分镁铝硅酸盐基本上是一类物质。日本人向来善于收集科技情报，这之中难道没有一定的联系吗？

89 人造眼球和人工假牙的妙用

　　人受伤丧失眼球后，为美容，常安上一个人造眼球。牙齿脱落的人则常安上一副假牙，一方面是为了美观，但更重要的是为了弥补真牙丧失的功能。人们把所有制造人体各种器官的材料都叫生物医用材料（或叫医用生物材料）。

　　在这里讲一个赌徒如何"栽"在医用生物材料脚下的幽默故事。一天，一个赌徒硬要和一个有残疾的人打赌，要不就来"狠"的，残疾人无奈，想了想后说："好吧！我和你打赌，我能用我的牙咬我的左眼，我要赢了，你给我100元。"赌徒认为这是绝对不可能的事，于是痛快答应，条件是如果他赢了，也要得100元。残疾人不慌不忙地取下自己左边的假眼球，放在嘴里咬了一口。然后对赌徒说："对不起，给钱吧。"赌徒只好忍痛掏出100元，可心里却窝了一肚子火，还要求再赌。残疾人说："这样吧，就再赌一次，好让你把钱赢回去。"赌徒说："怎么赌法？""这一次我用牙咬我的右眼，你赌不赌？"赌徒心想，你总不会两只眼都是假的吧？赌！这一回，残疾人却从嘴里取下自己的一副假牙，然后在右眼上咬了一下，笑着对赌徒说："让您破费了，掏钱吧！"赌徒就这样一下输了200元。

　　这当然是一个幽默故事，但安假眼和假牙的人的确大有人在。而且，现代用来制造假眼和假牙的医用生物材料更先进更科学了。它们可以制成人造器官，取代有疾病的真器官，解除病人的疾苦。

　　在日本，据日本医师公会统计，日本人每年要拔掉2700万～3000万只病牙，镶上假牙。但由于假牙不是嵌入牙龈中，失去对腭骨的直接

刺激，腭骨就慢慢退化，从而只能使牙齿咀嚼时达到真牙30％的力量。为了克服这种缺点，日本的一位教授发明了一种镍钛形状记忆合金假牙材料，这种假牙材料的特点是：在42℃时能完全"记住"真牙的形状。1990年的一天，一位叫福田的教授用一种新的人工植牙术为一位拔掉病牙的患者镶牙，他的方法很特别。首先，他在室温下把一副像梳子形状的镍钛合金假牙用钳子夹细，然后把它放在病人腭骨的凹槽内，接着，他就用一杯温度为42℃的食盐水浇在镍钛合金假牙上，只见这副本来已经夹细的镍钛合金人造牙齿立即恢复成梳子形状深深嵌在腭骨的凹槽内，并且固定得紧紧的、牢牢的，和真牙的形状完全一样。手术后20多天，这位患者的假牙完全恢复了真牙的正常功能，而且，这种假

打赌：先用牙咬自己的左眼，再用牙咬自己的右眼

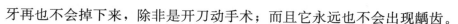

牙再也不会掉下来，除非是开刀动手术；而且它永远也不会出现龋齿。

1988 年，日本大金工业公司采用一种氟高分子材料，为患眼病的人制造了眼内的人工水晶体和人工玻璃体。这种人工水晶体和真的人眼水晶体的折射率很接近，而且具有不混浊的特点，使患有白内障和视网膜剥离的病人有了重见光明的希望。

在我国，用人工晶体使患白内障的病人重见光明，已经是眼科治疗中比较普通的手术了。

90 血液可以在工厂生产吗？

血液，是抢救危重病人和伤员最重要的医用材料。过去，病人和伤员的输血只能从健康人体内抽取，但这有许多不便，一是受血型的限制，二是血源并不是取之不尽的。因此，长时期以来，医学家一直想寻找一种可代替真血的人造血，以便能及时拯救生命垂危的病人和伤员。但寻找人造血并不容易，因为血液的最重要功能是能输送人体一刻也不能缺少的氧气。到哪儿去寻找这种特殊材料呢？

事有凑巧，1965 年秋，美国亚拉巴马大学的克拉克教授和他的助手在医学中心实验室做生物化学实验时，一位助手不小心把一只实验用老鼠掉进了一个装有做麻醉用的氟化碳溶液的玻璃瓶内，当时谁也没有注意，大约过了 3 个小时后，实验做完了，克拉克教授才看见玻璃瓶内的这只老鼠正在溶液中"潜泳"，这使克拉克感到惊奇，这只老鼠为何没有被溶液淹死，还能活这么久的时间？克拉克想，除非老鼠能得到充足的氧气，否则老鼠绝无生还的可能。

克拉克决心揭开这个谜，他对氟化碳这种溶液进行了反复研究，终于发现，氟化碳能够迅速溶解氧气并释放出二氧化碳。妙呀！这不正是血液中红血球所具有的本事吗？能不能用它代替人血呢？于是克拉克把自己的研究结果和大胆想法在一家杂志上发表了。

克拉克的研究引起了日本一位叫内藤良一的大夫的兴趣，他立即进行了深入的研究。终于从大量的氟碳化合物中找到了一种对人体无害的氟碳化合物，完全能像红血球一样，将吸入的氧气输送到人体的每一个角落，同时能将人体内代谢的二氧化碳携带到肺部，排出体外。内藤良一首先在自己的身体上做了试验，无不良反应。

1979 年 4 月 3 日，一位 60 多岁的胃溃疡患者，因大量出血而生命垂危，只有紧急输血才能挽救生命，但这位病人因血型特别，一时找不到合适的血源。当时正是研究氟碳化合物人造血的内藤良一主持手术，他决定用人造血输进病人体内救急。当他把 1000 毫升人造血注入患者体内后，患者终于摆脱了死神，真是绝处逢生。

人造血抢救危重病人的第一个成功案例，激起了科学家制造更多更好更廉价的人造血的热情。氟碳化合物虽有输氧的功能，但它只能救急用，因为它毕竟是无机物，不能起真正的血液作用。

1989 年秋天，波士顿马萨诸塞总医院的医学家又开辟一条研制人血代用品的途径，他们从牛血中提取一种人血代用品，先在兔子和狒狒等各种动物身上进行试验，然后申请要求政府批准在一些志愿者身上进行临床试验，以证明用牛血提取的血浆可以代替人血。因为每年宰杀的肉牛很多，如果牛血可成为人血代用品，那将提供丰富的人造血血源。到那时，人造血将大大降低成本。1990 年 6 月 8 日，美国波士顿的一家医疗公司宣布，在危地马拉市弗朗西斯科·马罗金医学院，从 1990年 2 月 13 日开始，用牛血制成的一种血液代用品先后在来自美国、荷兰、瑞士和危地马拉的 12 名健康志愿受验者身上进行临床试验。第一个接受试验的人叫鲁道夫·加西亚·加隆特，他对记者说："我感到情况良好，这种人血代用品是安全和无毒的，也没有感到有副作用。"

可以预料，在未来的岁月里，因缺乏血源而使医生、患者及其亲朋

瞧，这只老鼠掉进溶液中竟长时间没有被淹死

好友急得团团转的日子，将会结束。因为，人类已有可能从大量宰杀的肉牛身上得到大量血源。

91　免遭两次手术的痛苦

　　骨折是人类经常遇到的一种创伤性疾病，据统计，美国每年有大约600万人骨折，独联体国家每年约有1000万人遭骨折，中国每年至少有1200万人遭受此种痛苦。骨折病人中，有一些是必须进行外科手术才能治愈的。更有些面部骨折的人常常要受两次"挨刀"的痛苦。

　　过去对这种骨折病人，首先是用不锈钢或钛合金制造的螺母、螺钉和夹板先把粉碎性骨折的碎骨固定起来；待碎骨愈合后，再做一次手术，把不锈钢固定夹板取出来，病人常因要挨两次刀而叫苦不迭。为了解除病人二次手术的痛苦，1969年日本东京大学教授井上洋平曾大胆设想，能不能用一种在人体内过一定时间就能被人体吸收的材料来代替不锈钢一类的金属固定物，待骨折愈合后身体里的固定物就能自行分解而不需要进行第二次取出固定物的手术呢？

世界上有很多事情首先是靠敢想，只有敢想才能敢做。井上洋平教授的想法立刻受到了医用材料专家的重视，并进行了无数次的试验。

大胆设想变成现实的日子终于来到了。1992年2月，在荷兰的一家医院，在给一个面部粉碎性骨折的病人做手术时，用来固定碎骨的材料不再是不锈钢，而是一种奇特的塑料，医生告诉病人说，这种用来固定碎骨的材料在碎骨愈合后，不用取出来，因此不用进行第二次手术，这种塑料在人体内大约两年之后便会自行分解成二氧化碳和水，被人体慢慢吸收。

用二氧化碳做原料制造塑料的技术最早是日本的材料科学家在1987年12月发明的。二氧化碳从空气中就可提取，制成的塑料称为二氧化碳聚合物。它是用二氧化碳和水加上一种催化剂在反应炉中进行聚合反应而成的。塑料中的元素就是氧、氢、碳，这些元素在二氧化碳和水中都取之不尽。

1989年8月，美国弗吉尼亚州哈里森堡詹姆斯麦迪逊大学一位叫道格拉斯·丹尼斯的研究人员发现，有一种真养产碱菌能天然地产生一种叫聚 β—羟丁酸的塑料聚合物。这种细菌生产塑料的效率非常高，它们几乎能把喂养它们的食物都变成塑料，这种细菌生产的塑料可以用来制造瓶子和包装薄膜。更有趣的是，由细菌生产的这种塑料在遇到其他微生物或细菌时，又可以被分解成二氧化碳和水。

目前，许多公司都在利用细菌生产塑料。如美国马尔巴勒生物聚合物公司和英国帝国化学工业公司美利坚分公司，1989年就开始建造一座年产5000吨的细菌塑料工厂。

这种能自行分解的塑料，不仅对骨折病人大有用处，在人们的日常生活中和工农业生产中也大有用处。它还改变了材料经久耐用就一定是好的传统观念。有时，材料"太结实""太不容易坏"反而是一个缺点。

92　有感觉的人造皮肤

大多数人除了在科学幻想片和动画片中看到过和真人一样的机器人外，大概还没有见过和真人一样有感觉能力的机器人。

把机器人做得和真人一样，连皮肤都相同，是很多机器人制造者梦寐以求的愿望。

在意大利比萨大学，有一位叫德·罗西的工程学家就一直在琢磨着怎样制造出像真人的皮肤一样有感觉能力的机器人皮肤。人的皮肤是很敏感的，一抓到发烫的东西会立即丢掉；东西在手中打滑时，会立即用力握得更紧一些。皮肤富有弹性也是一大特点。

德·罗西对研究机器人皮肤入了迷。他经常看机器人机械地做各种动作，但那些机器人对手中的物体没有一种"天生的"感觉，他对这些机器人没有皮肤感到遗憾，决心给它们添制一副有触觉能力的皮肤。

他收集了大量资料，认识到人的皮肤实际上有两层：外层是表皮，内层是真皮。于是，他巧妙地设计起来，首先找两层橡胶薄膜充当"表皮"和"真皮"，然后在"表皮"和"真皮"之间夹上两层很薄的电极和一层掺了水的能导电的胶浆，胶浆在受压时会变形，因此，跟真人的皮肤一样。这种人造皮肤在和物体接触时，就会"感觉"到自己受到的压力，压力越大，胶浆变形就越严重，于是两层电极之间通过的电流就发生变化，电流一变化，电极之间的电压就会变化，机器人电脑把电压如何转变的读数记下来，就知道自己的皮肤受到了多大压力而立即作出反应。这样，机器人皮肤就等于有了触觉。他把这种人造皮肤与橡胶球、石块等质地不同物体进行接触，机器人立即能准确地分辨出它们之间的差别。

为了使人造皮肤能"感觉"到接触的物体表面的质感（比如是光滑还是粗糙），德·罗西对表皮又进行了改进，他把表皮又分成两层，在两层之间放置了一种上面布满了传感器的塑胶片，这些传感器只有针尖大小，一旦受到压力就会放出电荷，而且对来自任何方向的压力都能做出反应，因而对摩擦力也能感触到，当一张纸上有凸起的斑点时，人造皮肤就会发出受压的触感信号。

德·罗西把他制造的人造皮肤给机器人铺上后，机器人可以灵敏地感觉到手中一片胶纸被人抽走时所产生的摩擦力，或者当在一个涂了润滑剂的轴承将要从机器人手中滑掉时，机器人会立即将它握紧。

德·罗西成为人造皮肤研究中有名的学者，他研制的这种"精明的皮肤"在 1989 年取得了极大的成功，这种人造皮肤可以满足工业用机器人的各种特殊需要。

有趣的是，由于制造人造皮肤用的材料和传感器都极薄极小，而强度和弹性却很高，所以，即使这种人造皮肤有许多层，但皮肤的整个厚度和人的皮肤几乎相同。

93　来自海洋细菌的黏结剂

1994 年 7 月 30 日，英国《新科学家》周刊发表了一篇题为《蚝、船和伤口》的文章。初一看标题，令人有点莫名其妙，这三种风马牛不相及的东西怎么联系在一起了呢？再往下一看，则恍然大悟，原来有一段非常有趣的经历。

那是 5 年前，美国马里兰大学海洋生物学家罗纳德·韦纳领导的一个科研小组，在研究幼牡蛎的迁移时，发现在海底岩石上有一种细菌，能分泌出大量的黏性多糖物质。这种黏性物对幼牡蛎颇有"吸引力"，当幼牡蛎快成熟和需要在岩石上固定时，它们就附着在这种细菌分泌出的黏性物质上，从而牢固地粘在上面，任凭风浪如何冲击，它们都能纹丝不动。

海洋学家的这个发现，立即引起了船舶修理业、海洋石油钻探业和医学界的极大兴趣，因为这些部门在日常工作中都遇到了一些至今没有解决的难题。比如，船舶壳体发生破损后，一般都要立即拖到干船坞用人造的外板和精密的织物修补裂口。过去，为应急也曾在水中用黏结剂修补裂口，但因绝大多数黏结剂在海水中浸泡后就失去黏性，因此屡遭失败。

如果有了这种能在海水中保持牢固黏性的黏结剂，就不必把船舶拖进干船坞，而可直接在水下修理，这对降低维修成本当然极为有利。

这种黏结剂的另一个重要用途是外科医生用来堵塞修补伤病员的伤口。比如当肝脏因外伤或手术切除病变部位后，伤口是非常难以缝合的，因为它像豆腐一样，太软。传统的这类组织的伤口是用酶来弥合的，但酶也不能把破裂的肝脏表面组合在一起。也曾有人想用一种黏结剂来粘连破损的肝脏或粉碎性骨折的碎骨，但一直没找到对人体内有咸味的体液无反应的黏结剂。

自韦纳发现这种海洋细菌能分泌抗海水侵蚀的黏结剂后，解决这一难题有了希望。医学家认为，这种海洋细菌的分泌物既然能抗海水，也就有可能抗有咸味的人体体液的浸泡，因而也有可能用它来粘连人体肝脏这种软组织及其表面，这就大大简化了手术过程，而且治愈的效果会好得多。

但医学家是非常慎重的，为保险起见，在用这种细菌分泌出的黏结剂在人体上进行临床试验之前，外科医生先用兔子做了动物免疫反应试验，证明这种黏结剂不会刺激细胞产生抗体。现在研究人员正在进一步对这种黏结剂进行纯化，以保证万无一失。医学家说，这种黏结剂在正式获得医药卫生部门批准生产之前，预计需要在人体上进行两年的临床实验，才能普及推广。

海洋学家估计，一旦临床实验成功，用这种天然海洋细菌生产的黏结剂肯定供不应求。因此马里兰汉诺威海洋生物公司准备用人工方法在发酵罐中繁殖这种细菌，再通过一种简单的化学工艺从细菌中提取多糖黏性物质。他们希望在两年内增加这种黏结剂的产量，并达到商业生产规模。

这就是《蚝、船和伤口》文章的由来，蚝指的是牡蛎，意思是由对牡蛎的研究，联想到可以通过与幼牡蛎密切联系的多糖细菌去修补破损的船只和修复手术后的肝脏，科学技术竟使不相干的事物紧密联系到了一起，何等的不可思议！

94 海洋生物的新贡献

1991 年，美国康涅狄格大学的海洋生物学家格伯特·韦尔特在调查海洋生物时，发现一种形状奇特的长三角形介壳软体动物，它们栖息在光秃秃的礁石上，但即使在最强的台风和最猛烈的海浪冲击下，也休想把它们从礁石上冲走，这引起了韦尔特的极大兴趣。他想，是什么东西使这种介壳动物有如此大的黏结力呢？

于是，韦尔特对这种介壳软体动物作了进一步分析，发现它们能分泌一种黏性很强的物质，正是这些黏性物质把介壳动物牢固地附着在礁石上。一般的黏结剂都怕海水浸泡，为什么这种分泌物质在海水中长期浸泡而始终粘得这样牢固呢？他又想，既然这种分泌物能经受海水的浸泡，是否也能经受人体内有咸味的体液的侵蚀呢？是否对人体无害呢？

他越想越兴奋，因为据他所知，现在骨科医生最头痛的一个问题就是非常难对付那些粉碎性骨折，做手术非常复杂还在其次，最糟糕的是患者苦不堪言。为接好碎骨，要进行多次手术，常将患者折腾得半死。以往，不论是医生还是患者，都幻想有一种胶水或黏结剂，涂在碎骨的断口一粘了事。但这种幻想实现起来相当困难，因为尽管强有力的黏结剂种类很多，可是能在人体上使用的却一种也没有，人体中略带咸味的体液对现有的各种黏结剂都不"买账"，总是粘而不牢。就像用乳胶粘木头一样，别看开始时粘得相当牢固，可是只要在水中一泡，黏结处就会分离。科学家多年来一直在寻找能经受得住有咸味的体液侵蚀的黏结剂，总是一无所获。

真所谓"踏破铁鞋无觅处，来得全不费功夫"。现在，这种海洋介壳动物分泌出的黏结剂既然能耐海水浸泡，那么对体液应该也有这种可能。这样，用这种黏结剂治疗粉碎性骨折，就可以大大简化手术过程。于是，他决定弄清楚这种介壳动物分泌出来的那种黏结物质的成分，确定它是否对人体有害。

他从 2 万多只介壳动物中提取了 3 毫克的分泌物，化验证明，分泌物的主要成分是聚苯基简朊，这种分泌物在海水中只需 3 分钟就能凝固，且黏结强度很高。接着医学家又用人体细胞中带咸味的体液和这种分泌物接触，看看有何不良反应。结果发现，它们之间并不发生任何反应。因而断定，这种分泌物可用来牢固地连接人体断骨，而不必担心体液会侵蚀和分离它。

这对骨折病人是一个福音，尤其是对粉碎性骨折病人，治疗起来就能大大简化手术过程。现在医学家正在进一步研究临床反应，在百分之百的确定聚苯基简朊对人体无任何损害后，这种黏结剂就可以正式成批生产了。

海洋是一个神秘的世界，也是一个资源宝库。研究海洋相当艰难，

但只要我们有探索精神，常常能获得意想不到的成果，从调查海洋生物的生物学性能中发现有特殊性能的黏结剂就是一个生动的实例。

海洋介壳软体动物分泌的黏性物质，既可利用来修复在海上破损的船只，也可用来修复粉碎性骨折

95 蜗牛和飞机有缘来相会

　　一看题目，就有些令人奇怪。蜗牛和飞机，一个在地上爬，一个在天上飞，它们之间有什么相干？但俗话说，千里姻缘一线牵。还真有一条线把蜗牛和航空发动机给牵在一起了，这根线就是航空发动机上使用的耐热材料。要说清楚为什么，其中还有一段一波三折的来历。

　　那是1988年，欧洲共同体国家为了响应联合国环境规划署的倡议，在经过长达6年的协商后，一致同意各国共同努力减少大气污染，其中包括减少有害气体氧化氮的排放。特别是英国、法国、西德、意大利、西班牙、荷兰、比利时、丹麦、爱尔兰、希腊、卢森堡等 12 个国家还签订了保证书，保证到 1998 年氧化氮的排放量比 1980 年减少 33％。

英国是工业发达国家，汽车、飞机和各种火力发电厂，在这个面积不大的国土上排放出大量有害气体，尤其是飞机排放的氧化氮对大气的影响不可轻视。人们或许奇怪，飞机的燃油是汽油，汽油是碳氢化合物，燃烧后怎么会排放氧化氮呢？这引起了英国剑桥大学材料科学系的研究人员比尔·克莱格的兴趣，并参与了弄清和解决这一问题的研究。首先他和他的同事弄清楚了为什么飞机燃烧汽油会排放出氧化氮的奥秘，原来它和航空发动机所用的材料有关。一般的航空发动机的涡轮叶片都是用耐热合金制造的，但耐热合金在温度达到 1000℃ 以上时，强度就会降低变软。驱动飞机涡轮叶片的火焰气体温度高达 2000℃，为了使涡轮叶片不变软，现在采用的方法是吹一层冷空气把炽热的火焰和叶片表面隔离开来，同时冷却叶片。但是在冷却空气和火焰接触混合后，温度会立即升高到 1800℃～1900℃。在如此高的温度下，冷却空气中的氮和氧就会发生化学反应，形成氧化氮这种有害气体。

克莱格和他的伙伴们想，要去掉氧化氮，首先要废除用空气冷却叶片这种原始方法。但如果不用空气冷却，就必须提高叶片的耐热温度，可是现在最好的耐热合金也只能耐 1100℃ 左右的高温。于是他们就想利用能耐 1500℃ 以上高温的陶瓷制造涡轮叶片，但现在大多数陶瓷都很脆，一碰就碎。怎样才能得到又硬又不脆的陶瓷呢？克莱格想起了蜗牛。他知道，别看蜗牛的肉软乎乎的，可它背上背的那个薄薄的壳却硬而不脆。蜗牛壳为何有此特性呢？克莱格用显微镜观察了蜗牛壳的结构，结果发现蜗牛壳是由许多碳酸钙层和薄薄的蛋白质层交替地组成的，就像千层饼似的结构。那些碳酸钙层虽硬而脆，但它们之间夹着的蛋白质却很柔韧，即使有一两层碳酸钙碰裂了，但夹在其中的蛋白质层能挡住这些裂纹扩大延伸，因此整个蜗牛壳就又硬又不脆。

于是克莱格在 1994 年仿照蜗牛壳的结构生产了一种千层饼似的层

状材料，是用 150 微米厚的碳化硅陶瓷片和 5 微米厚的石墨片交替地叠加，再加热加压而成的。因为石墨层很软且耐热，即使受到碰撞，也能分散碰撞时的应力并防止已开裂的个别碳化硅层的裂纹扩大。现在克莱格已经用这种蜗牛壳结构式的材料制成涡轮叶片，并在航空发动机的燃烧室内成功地进行了试验。

到此，我们就知道蜗牛为何与飞机发生联系了。这个故事告诉我们，一种新材料的出现，往往和科学家的善于联想有极大关系。就像有人从稻草加泥巴可以做成结实的土坯联想到发明钢筋混凝土一样。

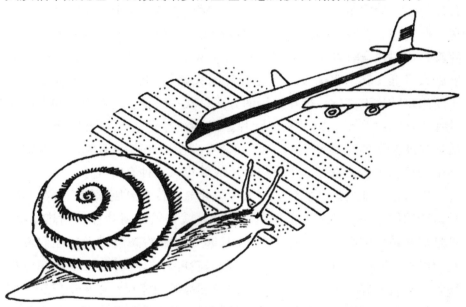

蜗牛背上的壳与航空发动机的涡轮叶发生了联系

96　温斯洛发现电流变材料

我们通常看到液体变固体或固体变液体，或液体变气体或气体变液体，似乎只和温度有关。比如水吧，冷却到0℃就变成固体，即冰；加热到100℃就变成水蒸气，即气体。当然，这种变化也和压力有关，比如在青藏高原，水不到100℃就会沸腾变成蒸汽，因为那儿的气压不到一个大气压。

但世界之大无奇不有。那是在1947年，有一个叫温斯洛的美国人，用石膏、石灰和碳粉加在橄榄油中，然后加水搅拌成一种悬浮液，他想看看这种悬浮液是不是能导电。在试验中，他意外地发现一个奇怪的现象，即这种悬浮液在没有加上电场时，可以像水或油一样自由流动；可是当一加上电场时，几毫秒内就立即由自由流动的液体变成固体；而且随电场强度和电压的增加，固体的强度也增加。同时这种现象也能"反过来"进行，即当撤销电场时，它又能立即由固体变回到液体。

因为这种悬浮液的状态可以用电场来控制，科学家把它称为电流变体。并把这种现象称为"温斯洛现象"或"电流变现象"。温斯洛还为此申请了专利。温斯洛的发现和试验引起了科学家极大的兴趣和热情，因为这种能用电场控制来改变物质状态的现象，有可能用来实现把高速计算机的电信号指令直接变成机械动作。

人们最先想到的是用电流变体来制造汽车的离合器和刹车装置。汽车司机都知道，改变行车速度要换挡，这就要用离合器，而换挡至少也要秒把钟的时间，遇到紧急情况刹车时，司机踩刹车让刹车片紧紧"抱住"旋转的轮子，也至少需要1秒左右的时间，可在这1秒的时间内，

就有可能车毁人亡；而如果用电流变体做离合器或刹车装置，就只需要千分之几秒的时间就可以达到换挡或刹车的目的。因为只要一按电钮，电流变体就立即变成固体，起到换挡和刹车作用。为了让你明白这个原理，只要看一下电流变离合器示意图就清楚了。当不加电场时，电流变体为液体，黏度很小，等于汽车挂不上挡；当加上电场后，电流变体的黏度随电压的增加而增大，能传递的力矩也增加；当电流变体变成固体时，主动轴就和滑动轮结合成一个整体，等于换上了挡，而这个过程也就千分之几秒。刹车的原理也是这样。

近几年科学界正在研究有"感觉"和有"知觉"的仿生智能材料，而电流变体正好适应这一要求，因为智能材料的显著特点之一就是能随外界环境的变化自动调节其功能。比如电流变体能随施加的电压不同而改变自身的强度，因而可以充当智能材料的"肌肉"。因为一使劲（加上电压）肌肉就变硬，肌肉一放松（撤掉电压）肌肉就变软。电流变体通过开闭电场也能变硬和变软，其作用就相当于"肌肉"。

1991 年，美国科学家甘迪还用电流变体研制了一种能自动加固的直升机水平旋翼叶片。当叶片在飞行中突然遇到疾风而猛烈振动有可能断裂时，叶片中事先埋入的电流变体就可变成固体，从而实现自动加固。总之，电流变体的应用有可能开辟一个新世界，因此，美国密执安大学材料冶金系的教授菲利斯科甚至预言："电流变体有可能产生比半导体更大的革命。"

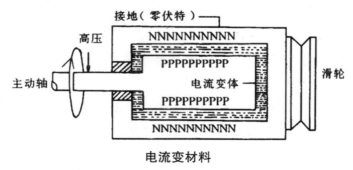

电流变材料

97 纳米材料的鼻祖——中国墨

最近几年，在科技报刊上新出现了一个叫"纳米材料"的名词。什么是纳米材料呢？就是用尺寸只有几个纳米或几十个纳米的极微小的颗粒组成的材料。一个纳米是多大呢？是 1 米的 $1/10^9$，用肉眼根本就看不见。用纳米颗粒组成的材料具有许多特异性能，因此科学家又把它们称为"超微粒材料"和"21 世纪的新材料"。但纳米材料并不是最近才出现的。最原始的纳米材料早在公元前 12 世纪就在我国出现了，那就是中国的文房四宝之一：墨。据考古发现，中国的甲骨文就是先用墨写，然后雕刻成文的。

你也许会怀疑，远古时代的技术那么落后，怎么会制造纳米材料呢？要知道，墨中的重要成分是烟，而烟其实就是许多超微粒炭黑形成的。烟是那么轻，那么细，能在空气中袅袅升起，又可以在空气中消散。我们的祖先就是把桐油或优质松油在密闭不透风的情况下，使其不完全燃烧气化，然后冷凝成烟，再拌以牛皮胶等黏结剂和其他添加剂制成墨的。

墨可以说是中国的特产，到汉代，我国已出现了因制墨而名见经传的人物：田真。汉代宫廷中还设置了专门掌管纸、笔、墨等物品的官员。国家政府如此重视记录材料，这在世界上可以说是罕见的。

东晋时，书法家辈出，其中以王羲之和他的第七个儿子王献之最为有名。他们书写的墨迹，现已发现的有 1600 来字，至今仍然新艳如初。有关墨的故事也极为有趣。据说唐明皇为了抄写他心爱的四部书，每年供给抄书人 300 块易水地区（今河北境内）产的上谷墨。唐代的制墨

能手奚超因墨做得好，唐后主还赐奚超姓李，因此奚超的儿子叫李廷圭，后因战乱全家迁到安徽歙县避难。李廷圭继承父业，制墨手艺更高一筹。据歙县县志记载：……唐代的常侍徐铉得到一枚李廷圭做的墨，和他兄弟一起使用，每天磨墨写字不下 5000 字，用了 10 年才用完，磨墨时磨出墨的边际锋利得像刀刃，可以裁纸，这就是后来大家所称的徽墨。徽墨具有一些令人意想不到的特点。

例如，1978 年在安徽祁门出土的一枚北宋时代的墨锭，虽然在墓穴的水中浸泡了 800 多年，其质地和外形都没有发生明显变化，这就是

中国墨是纳米材料的鼻祖

徽墨。徽墨质量如此之好，是由于对制墨工艺进行了重大改革，主要是用桐油炼制的烟炱取代了用松油炼制的烟炱，并严格控制炼烟的火候、出入风口，掌握收烟时间，以保证烟炱的黑度、细度、油分和灰分符合要求。这种工艺和现代制造纳米粒子的工艺有异曲同工之妙。当然，墨的质量除了烟炱的质量要好外，还要求连接料（如牛皮胶之类）的配比恰当和制作精细等。

中国墨的代表徽墨，现在仍然是中国的骄傲。1914 年，我国的曹氏徽墨参加东京博览会时荣获金质奖章。1915 年，另一徽墨大家胡开文超顶漆烟徽墨获巴拿马国际博览会金质奖章。

98 超细粉末有奇能：现代纳米材料

中国墨是由烟炱这种超细微粒作为重要原料，再加上黏结剂和添加剂按适当比例制成的。虽然还算不上现代所说的纯纳米材料，但的确开创了纳米材料的先河。现代的纳米材料是近一二十年才发展起来的。它的起源来自一个科学家在国外旅游中产生的联想。

那是 1980 年的一天，一位叫格莱特的德国物理学家到澳大利亚旅游，当他独自驾车横穿澳大利亚的大沙漠时，空旷、寂寞和孤独的环境反而使他的思维特别活跃和敏锐。他长期从事晶体材料的研究，知道晶体中的晶粒大小对材料性能有极大影响，晶粒越小材料的强度就越高。这个道理其实不难理解，就说面粉吧，富强粉因比普通面粉细，和出的面就特别"筋斗"，能拉出细如丝的龙须面，用普通面粉就不成。

格莱特一面在空旷的沙漠中开车，一面展开了无边无际的遐想。他想，如果组成材料的晶粒细到只有几个纳米那么大，材料会是什么样子呢？或许会发生"天翻地覆"的变化吧？在异国他乡旅行中冒出来的这个新想法使他兴奋不已。回国后他立即开始试验，经过近4年的努力，他终于在1984年得到了只有几个纳米大的超细粉末，而且他发现任何金属和无机或有机材料都可以制成纳米大小的超细粉末。更有趣的是，一旦变成纳米大小的粉末，无论是金属还是陶瓷，从颜色上看都是黑的，但其性能还真的发生了天翻地覆的变化。

从此，由德国到美国，一大批科学家都着了迷似地研究起纳米材料来。比如，美国著名的阿贡国家实验室用纳米大小的超细粉末制成的金属材料，其硬度要比普通粗晶粒金属的硬度高2～4倍。在低温下，纳米金属竟然由导电体变成了绝缘体。一般的陶瓷很脆，但如果用只有纳米大小的陶土粉末烧结成陶瓷制品，却有良好的韧性。更有趣的是，纳米材料的熔点会随超细粉末的直径的减小而大大降低。例如，金的熔点本是1064℃，但制成10纳米左右的金粉末后，熔点降到940℃；而5纳米的金粉末熔点降至830℃；2纳米的金粉末熔点只有33℃，你说神不神？这一特点对人们大有用处。例如，许多高熔点陶瓷材料很难用一般的方法生产出用于发动机的零件，但只要事先制成纳米大小的陶土粉末，就可以在较低的温度下烧结成高温发动机的耐热零件。

1纳米只有1米的$1/10^9$，人们要问，像纳米那么微小的粉末是怎样制造出来的呢？德国的材料科学家在90年代初发明了一种生产金属超细粉末的方法。即在一个封闭室内放进金属，然后充满惰性气体氦，再将金属加热变成蒸气，于是金属原子在氦气中冷却成金属烟雾，并使金属烟雾黏附在一个冷却棒上，再把棒上像碳黑一样的纳米大小的粉末刮到一个容器内。如果要用这些粉末做成零件，就可以将它们模压成零件形状，通过一道烧结工序，即可制成纳米材料零件。

纳米材料的用处多得很。如高密度磁性记录带就是用纳米大的粉末制成的；有些新药物制成纳米颗粒，可以注射到血管内顺利进入微血管；纳米大的催化剂分散在汽油中可提高内燃机的效率，把纳米大的铅粉末加入到固体燃料中，可使固体火箭的速度增加，这是因为越细的粉末，表面积越大，能使表面活性增强，加大了燃烧的力度。总之，纳米材料前途无量，用途会越来越广。

在空旷的沙漠中开车，格莱特产生了对材料晶体结构的奇想

99 "烧不坏冻不垮"的倾斜功能材料

乍一看题目，会让人有些莫名其妙。什么叫倾斜功能材料？这不奇怪，因为这是近一二十年才出现的有"特异功能"的新材料。现有的大多数材料都害怕忽冷忽热，更害怕一边受热一边受冷。即使是坚硬的耐热钢，在这种"打摆子"似的恶劣温度条件下，也会因热胀冷缩的极不均匀而遭到破坏。

你会问，什么场合有这样的恶劣条件？还真有！20世纪80年代，日本人设计了一种所谓空天飞机。这种飞机在低空时，可以水平起飞，并在低空充分利用大气中的氧助燃；而在无氧的太空时，能利用自身携带的液氢和液氧作为燃料。这种空天飞机的发动机就遭受着恶劣温度变化的折磨。它的发动机燃烧室温度高达 3000℃～3500℃，在这一温度下，现有的任何一种材料都会熔化。因此燃烧室要用液氢进行冷却，这样燃烧室的内外温度就相差三四千摄氏度，即内壁要承受 3000℃～3500℃的烧烤，而外壁要承受－200℃超低温的冷冻，再"健康"的材料也受不了。

因此日本的科学技术厅在 1987 年专门成立了一个科研小组，并制定了一个开发倾斜功能材料的研究计划。所谓倾斜功能材料，就是既不怕热也不怕冷的材料。这个计划实现起来可不是轻而易举的，所以准备用 5 年时间完成。但日本人也会搞集中优势兵力，组织了 20 来个一流的企业、6 个国家级研究所、9 所大学和 3 个团体的科研成员进行攻关，结果在 1988 年就研制成功一种铜和二硼化钛"交错"而成的倾斜功能材料。这种材料能在表里温度相差 800℃，表面温度高达 1500℃时顺利工作，不过离空天飞机发动机的要求还有一段距离。

为什么这种材料有如此本事呢？原来这种材料沿厚度方向的化学组成是逐渐变化的，即材料的一面是 100％的铜，它能耐冻；而另一面是 100％的二硼化钛，它非常耐热。但在材料的两个表面之间，铜和二硼化钛交错地"倾斜"着减少和增加。即铜由 100％逐渐减少到 0，而二硼化钦从 0 逐渐增加到 100％。由于冷热两边之间的材料成分是逐渐倾斜变化的，因此其热胀冷缩的变化很平缓，不会引起破裂。这种材料必须用特殊工艺才能生产出来。大致过程是：让铜、硼、钛和二硼化钛 4 种原材料粉末的比例逐渐变化（用计算机控制），并在一个圆盘中一层层地叠成圆盘形；然后放在 200℃的真空室中抽出其中的气体，再加压使其体积压缩到原来的 60％～70％；最后把它放在一个密封的反应室内，用电加热圆盘的一面，这时在这些粉末之间立即发生化学反应而产生大量的热，并像点燃的导火线一样以每秒 0.1～0.15 厘米的速度，由圆盘的一面自动向另一面蔓延，化学反应产生的热就使粉末烧结成密实的倾斜功能材料。

这种特殊的工艺方法叫自蔓延燃烧法，用它可以生产出各种需要和不同用途的倾斜功能材料。比如核反应堆的内侧要求耐辐射的陶瓷；而外侧要求导热性良好的高强度金属。牙科医生则可利用倾斜功能材料制造人工牙，牙根用多孔磷灰石，牙外露部分用高强度陶瓷，牙中心部分用高韧性材料。镶入这种牙后，人体细胞可以长入有许多微孔的磷灰石牙根中，使牙齿牢牢地固定在牙床上，而牙外露部分不怕吃冰冻或滚烫的食物，中心高韧性材料可使人工牙经得起咀嚼很坚硬的食物。